财经素养教育童话

森林银行

储蓄与投资

沈映春 宋正丽 著

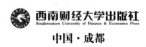

西南财经大学出版社
Southwestern University of Finance & Economics Press
中国·成都

图书在版编目(CIP)数据

森林银行.储蓄与投资/沈映春,宋正丽著.—成都:西南财经大学出版社,2024.1
ISBN 978-7-5504-6076-8

Ⅰ.①森… Ⅱ.①沈…②宋… Ⅲ.①财务管理—少儿读物
Ⅳ.①TS976.15-49

中国国家版本馆 CIP 数据核字(2024)第 006117 号

森林银行:储蓄与投资
SENLIN YINHANG:CHUXU YU TOUZI
沈映春　宋正丽　著

总 策 划:李玉斗
策划编辑:肖　翀　何春梅　徐文佳
责任编辑:肖　翀
助理编辑:徐文佳
责任校对:李思嘉
封面设计:星柏传媒
责任印制:朱曼丽

出版发行	西南财经大学出版社(四川省成都市光华村街 55 号)
网　　址	http://cbs.swufe.edu.cn
电子邮件	bookcj@swufe.edu.cn
邮政编码	610074
电　　话	028-87353785
照　　排	四川胜翔数码印务设计有限公司
印　　刷	四川五洲彩印有限责任公司
成品尺寸	148mm×210mm
印　　张	4.375
字　　数	61 千字
版　　次	2024 年 1 月第 1 版
印　　次	2024 年 1 月第 1 次印刷
书　　号	ISBN 978-7-5504-6076-8
定　　价	35.00 元

前言

财经素养教育是核心素养教育的重要内容之一。北京航空航天大学经济学会作为一个有22年历史的大学生学术团体，致力于经济学的研究和经济、金融知识的普及。曾几何时，在一些大学校园里“校园贷”屡禁不止，有些学生在信用消费中陷入债务陷阱。究其原因，除了学生法律意识不强，金融知识缺乏和风险防控意识淡薄是主要因素。因此，财经素养教育迫在眉睫，应从小抓起。“森林银行”系列丛书，旨在对青少年进行财商培养和经济学启蒙。

财商是一种认识金钱、管理金钱、驾驭金钱的能力，与智商、情商共同构成现代社会不可或缺的三大素质。少年儿童阶段是财商教育最好的黄金时期，对少年儿童财商的培养有利于让孩子对金钱和财富有积极的、正面的认识，并促使其养成良好的财富管理习惯，逐渐学会自我管理，规划自己的人生。

“森林银行”系列丛书分为收入与消费、储蓄与投资、风险与保险三个板块。从森林中“苹果城”里的主人公——狐飞飞、兔小葵、熊猫阿默、山羊老师等动物们的日常生活开始讲述，巧妙地融入金融、经济学概念和原理，深入浅出，用故事的方式多层次、立体化地培养理财的思维方式，让孩子们不仅认识钱、会管钱、会花钱，而且培养其积极的生活、学习、工作的习惯。

金钱不仅可以用来消费，它还能用来储蓄、投资、赠予等，了解“储蓄与投资”，是财商启蒙的重要环节。《森林银行：储蓄与投资》让孩子们认识并理解银行与货币的功能和作用，学会理财，规避风险，让自己的财富增值。从物物交换到货币出现，再到法定货币，让孩子们了解货币产生的历史和货币的职能，理解纸币发行与通货膨胀的关系。那么，新出现的电子货币和虚拟货币又是什么？电子货币、虚拟货币跟纸币一样，都可以代表一定的价值，尽管钱的形式在变，但其代表价值的本质是不变的。在我们的国民经济体系中，银行起着至关重要的作用，包括中央银行和商业银行等，其中商业银行主要经营存贷款业务。

财富的积累靠辛勤劳动、用钱有度，既要勤又要俭，更要学会投资理财。书中的狐飞飞办了第一张银行卡，他计划每次领到零花钱，都存下来一部分。狐飞飞有了理财意识，认为存钱可以买更昂贵的物品，也可以为突发情况做准备；但狐飞飞和郊小狼的赌约，却让狐飞飞变得不敢消费，失去了很多快乐。于是山羊老师告诉我们，正确的储蓄观是合理消费、合理储蓄。国家储蓄也是如此。国家储蓄多，投资就多，国家就会发展得更好，但储蓄太多，消费就会相应减少，不利于经济的发展。

投资工具包含股票、债券、储蓄及其他理财产品，不同的投资工具，其收益和风险是不一样的，收益高意味着风险大。我们要学习投资的方法，养成投资的习惯。

除了个人储蓄和投资知识，本书还让读者了解一些宏观的金融和经济学知识，如外汇和汇率。书中的豪猪叔叔因为欠钱不还成为失信执行人，而不能坐火车的故事，让我们知道诚信很重要，要从小养成诚信的习惯。

目录

森林银行：储蓄与投资

角色介绍

● 狐飞飞

有着一身火红色皮毛，还有长长的狐狸尾巴。性格活泼，好奇心强，乐于助人，阳光开朗，但有时候会惹出不小的麻烦。最喜欢草莓冰淇淋，以及玩具小汽车。

● 兔小葵

雪白的小兔子，长着两只长长的大耳朵。性格文静，不爱运动，是班里的学习委员，很受同学们的欢迎。喜爱葵花和漂亮的裙子。

- 熊猫阿默

长着小圆脸，有一双大大的黑眼圈。不善言辞，很有主见，经常和狐飞飞在一起玩。喜欢读书和旅行。

- 山羊老师

戴着一副小小的眼镜，性格和蔼，有耐心，是小朋友们最喜欢的老师。喜欢和孩子们一起玩，爱好画画。

引言

在静谧无垠的森林深处，有一座漂亮的城市，叫作苹果城，城里处处种满了苍翠的苹果树，树上结着香甜多汁的苹果，每到苹果收获的季节，这里处处都飘满苹果清甜的芬芳。

在城市正中央的森林广场上，有一棵与众不同的苹果树，它的树干是金色的，树叶是金色的，就连结的苹果，也是金灿灿的！

据说，这棵金苹果树是森林银行的老行长——金猪先生种下的。最初种下的时候，它还只是一颗普通的苹果种子，可不知道从什么时候开始，它慢慢长成了一棵金灿灿的大树，再然后，它竟然结出了金色的苹果！

苹果城的科学家们对着这棵不一样的苹果树观察了很久很久，终于得到了一个惊人的发现：只要苹果城里的动物们做出有意义的经济行为，金苹果树就会结出一颗圆滚滚的苹果；可一旦动物们做出不恰当的经济行为，金苹果树就会掉落一片叶子。

原来，这是一棵充满智慧的苹果树啊！

金猪先生将这棵树捐给了苹果城政府，而苹果城政府也将这棵树视为国宝，为它修建了一座宽阔的森林广场。

现在，这棵繁茂的金苹果树正在孔雀市长的指导下，被市民们精心呵护起来，在阳光下结出闪闪发亮的金苹果……

原来贝壳也是钱

周末到了。

兔小葵一家来到苹果城最负盛名的美景之一——黄金海滩。这里的沙子都是金灿灿的，在阳光的照射下格外闪亮，像金子一样，因此这里被大家称作黄金海滩。

“哇，这里有好多贝壳啊！”

兔小葵一家三口在海滩上走着，眼尖的兔小葵看到不远处有好多颜色各异的贝壳点缀在沙滩上。

“这个贝壳颜色太鲜艳了。”

“这个贝壳破了一个洞。”

兔小葵挑来挑去，终于找到一个她最喜欢的贝壳。

“就是这个了！妈妈你看，这个贝壳好漂亮！”

兔妈妈说：“这确实是一个很漂亮的贝壳，你可以在明天上学的时候，把它带到班上，给班里其他同学看看。”

“小葵，你也可以多捡几个好看的，给班里的同学带过去，比如狐飞飞，人家前几天还请你去看过电影呢。”兔爸爸笑着提醒道。

“嗯！我现在就去多捡几个好看的贝壳，带给狐飞飞他们。”

说罢，兔小葵又弯下腰，在一大堆贝壳之间挑选起来。

……

“飞飞，阿默，看我给你们带了什么好东西！”

刚到学校，兔小葵就迫不及待地将自己捡的贝壳展示给两位好朋友。

“你们喜欢哪一个，随便挑！”

狐飞飞说：“我要这一个，这个看起来更亮一些！”

熊猫阿默说："那我要这个吧，这个贝壳虽然没有飞飞手里的明亮，却有清晰的纹路呢!"

"阿默，真不愧是你啊，总是这么细心，善于观察!"

三个小动物叽叽喳喳聊了好一会，直到上课铃响起才安静下来，回到自己的座位上。

山羊老师快步走上讲台，一边打开课本，一边笑着对同学们说："同学们早上好，相信大家这个周末都过得很愉快。"

"那么，今天我们继续学习经济小知识，这节课给大家讲讲货币。大家可要认真听哦。"

于是，山羊老师拿出粉笔，在黑板上写下"货币"两个大字。

"同学们在生活中都使用过货币，大家买零食和课本用的钱，就是货币的一种。"

"那么，货币的概念究竟是什么呢?"

说到这里，山羊老师停了停，笑着抬起头，环顾一下四周。

勇敢的狐飞飞举起了手，他记得在森林银行工作的妈妈给自己讲过货币的概念。

得到山羊老师的允许，狐飞飞站起身，兴奋地摇着尾巴："妈妈告诉我，货币其实是一种特殊的商品，它可以充当一切商品的一般等价物!"

"不错，飞飞说得很对。"山羊老师捋了捋胡须，接着问道，"那有没有小朋友知道，什么是一般等价物呢?"

这个问题可有点难，连爱读书的熊猫阿默都认真思考了起来，课堂一时陷入沉寂。

山羊老师笑眯眯地开口："这个概念，说难不难，说简单却也不简单。一般等价物具有一定价值，其本质也是商品，但它是一种从商品中分离出来的、可以表现其他一切商品价值的特殊商品。"

"比如说，一筐苹果可以换一套课本，一筐苹果也可以换一箱零食，这个时候，这一筐苹果就是一般等价物了。”

“但是，当我们去购买课本和零食的时候，带着一筐苹果是很不方便的，所以，就要用更轻便、更小巧的东西替代一筐苹果，于是祖先们找到了金银充当货币。直到后来，慢慢就演变成我们手中的钱币了。”

“也就是说，货币就是一种用来表示其他商品价值的特殊商品。”

同学们纷纷若有所思，消化着山羊老师说的货币的概念。

“好了，同学们，这就是最基本的货币定义了。那么，请同学们再想一想，自己身边还有什么东西，是可以用来充当一般等价物的呢？”

同学们都认真思考起来，一时之间，都找不出什么合适的物品。

兔小葵盯着手中的贝壳，突然灵光一闪。

“山羊老师，贝壳是不是可以充当一般等价物呢？”

“贝壳不常见，只在海滩上可以找到，具有一定的价值，同时，贝壳又小巧轻便。这样看来，贝壳很适合做一般等价物呢！”

“哈哈哈，不错，不错！”山羊老师惊喜地笑起来。

“同学们，兔小葵手上的贝壳，其实曾经也是一种货币。在很久很久以前，那时的动物们就是用贝壳当作货币来进行商品交换的。”

“贝壳虽小，却完全满足充当一般等价物的条件。当然，贝壳的其他性质，比如坚固、体积较小等也是它能够脱颖而出，成为货币的原因之一。”

“原来是这样！”小动物们恍然大悟。

“在接下来的几节课里，我还会继续给同学们讲关于货币的知识，相信大家将对货币有更完整的认知……”

下课之后，狐飞飞迫不及待地找到兔小葵。

“小葵，没想到你给我们的贝壳，曾经还有这么大的来头和用途呢！”

兔小葵也很开心。

“我也没想到，看起来精致漂亮的贝壳，居然曾经是一种货币！”

这时，熊猫阿默也走了过来。

“山羊老师讲得真好。我现在也开始好奇，货币究竟还有些什么秘密了。”

狐飞飞赞同地点头，说：“小葵，阿默，你们说，既然几千年前的货币是贝壳，那后来是怎么变成我们日常使用的钱币了呢？”

“我也不知道，不如我们去查查相关的资料吧！”

“好啊好啊，我们这就去！”

就这样，三个小动物叽叽喳喳地走向了图书馆。

谁也不会注意到，广场上的金苹果树又结出了一颗金色的苹果。

以旧易旧的跳蚤市场

马上就是周末了，兔小葵想要邀请狐飞飞和熊猫阿默一起出去玩。

放学时，兔小葵兴冲冲地跑到狐飞飞和熊猫阿默身边，问道：“飞飞，阿默，你们周末要去跳蚤市场吗？”

熊猫阿默不解地问：“跳蚤市场，那是什么地方？是卖跳蚤的地方吗？”

狐飞飞一听可吓坏了，他最讨厌跳蚤了，连连摇头表示不去：“算了算了，小葵，你还是自己去吧。”

是啊，爱干净、爱漂亮的兔小葵怎么会去一个满是跳蚤的市场呢?

兔小葵听了他们的话，哭笑不得地解释着：“飞飞，阿默，你们别担心，跳蚤市场不是卖跳蚤的地方啦!”

“那是什么地方?”狐飞飞和熊猫阿默异口同声地问着。

兔小葵继续说：“跳蚤市场，就是旧货市场！大家可以把自己不需要的、但还能用的东西拿到市场上彼此交换，或者以比较低的价格卖出去。”

“我还听说，周末将在金苹果广场上举办一个大型的旧货交易活动，到时候肯定会很热闹的。”

狐飞飞对此很有兴趣：“真的吗？那一定很有趣！小葵，我和你一起去看看吧!”

得到狐飞飞的肯定答复，兔小葵开心极了。

“阿默要不要和我们一起去呀?”

熊猫阿默也很想一起去，但他摇了摇头：“我去不了啦，这个周末我要在家里练钢琴。祝你们玩得开心！”

就这样，兔小葵和狐飞飞确定了第二天的行程。

在回家的路上，兔小葵说：“飞飞，我得提醒一下你，明天最好带一些有特点的东西，这样才能吸引别的小动物跟你交换。还有还有，不要带太贵重的东西，这样大家会不敢跟你交换的哦！”

狐飞飞点了点头。

狐飞飞回到家里，开始思考明天去跳蚤市场要带些什么，他时刻记着兔小葵的那番话。

“听小葵说那里是物品交换，想要换到心仪的东西，首先要拿出让别人满意的物品。”

想到这里，狐飞飞环顾自己的房间，想要找到合适的东西。

“游戏机不行，对于旧货市场来说太贵了。”

“文具也不行，卖文具的小动物一定有很多，我也带文具，一定很难吸引其他小动物。”

看来看去，狐飞飞的目光落到了书架第二排摆放整齐的玩具小车上。

狐飞飞最喜欢玩具小车，他有很多小车模型，有一些是崭新的，有一些已经旧了。

狐飞飞心想："玩具小车倒是个不错的选择，价格适中又足够独特。"

尽管狐飞飞有一些心疼，但自己毕竟有很多小车，其中一些自己平常也不玩，不如拿去和其他小动物做交换，说不定能换来更有趣的玩具。

于是，狐飞飞下定决心。他走到书架边，挑了一辆小车，打算第二天拿去跳蚤市场。

第二天大清早，狐飞飞和兔小葵就来到了金苹果广场。广场上聚集了很多小动物，热闹极了。

"哇，好多动物啊，好热闹！"狐飞飞和兔小葵感叹着。

只见广场上密密麻麻地有好多摊位，每个摊位的桌子上都摆放着各种各样的物品，摊位上的动物们都在大声吆喝着。

狐飞飞和兔小葵开心地逛起了跳蚤市场。

“哇，小葵，你看这个摊位上的玩具水枪好好看，这个印章也不错。”

“飞飞，你看这个小化妆镜，又漂亮又方便呢！”

才走了几家摊位，狐飞飞就遇到了好几样让他心动的小玩意。

狐飞飞好几次想要走上前去问摊主，能不能用玩具汽车换物品，但是狐飞飞说服了自己要忍住，毕竟里面还有好多家店铺，狐飞飞也不知道自己会不会遇到更想要的物品。

转眼，一个上午过去了。狐飞飞和兔小葵从跳蚤市场的这头逛到了那头，兔小葵随身带着的袋子已经塞得满满的，可狐飞飞似乎什么都没有交换，还是抱着自己的玩具小车。

“咦？飞飞，你还没交换到你喜欢的东西吗？”兔小葵关心地问着。

兔小葵经常逛跳蚤市场，她已经很有经验。她带了好几种不一样的小玩意，最后都成功跟别人完成了交换。

不过，狐飞飞虽然是第一次来跳蚤市场，他也有自己的办法挑到喜欢的物品。

狐飞飞说：“小葵，我打算逛完了再去交换，这样才能换到我最喜欢的那一件。”

兔小葵反而急起来：“飞飞，那你要抓紧啦，万一你喜欢的东西被别人先换走了怎么办。”

“哎呀，你说得有道理，我们快回去看看！”

狐飞飞拉着兔小葵急忙往回走，不一会就走到了之前自己专门留意过的摊位。

“幸好幸好，我想要的东西还在呢！”狐飞飞松了一口气。

这样一路疾跑，狐飞飞和兔小葵都累坏了。万幸的是，狐飞飞喜欢的物品还在摊位上等着他呢！

狐飞飞赶紧拿出自己的玩具小车，对着摊主麋鹿哥哥问道："麋鹿哥哥，我可以拿玩具小车跟你交换这本连环画吗？"

"你好啊狐狸弟弟，可以让我看看你的玩具小车吗？"

麋鹿哥哥端详起狐飞飞的玩具小车，感到很满意，他笑了笑说："你的小车非常精美，我很喜欢，我愿意和你交换这本连环画。"

狐飞飞接过连环画，小心翼翼地抱在怀里。

今天真是收获满满的一天呀！

就这样，狐飞飞和兔小葵都挑到了自己满意的物品，他们离开了跳蚤市场，各自回了家。

回家后，在饭桌上，狐飞飞跟狐爸爸、狐妈妈讲起了今天的见闻。狐爸爸和狐妈妈看着成功交换到心仪物品的儿子，又开心又欣慰。

不过，狐爸爸打算趁热打铁，让儿子对以物易物有更深刻的认知。

狐爸爸想了想，说："飞飞，我听说最近你们的山羊老师在给你们讲货币的知识，正好趁着这个机会，我给你讲讲货币的发展史吧。"

"在很久很久以前，动物们的交易就像今天的跳蚤市场一样，他们不用钱来购买物品，而是用物物交换的方式。"

"那时，动物们的生产力低下，采集或生产的物品在数量上基本只能满足自己的需求，很少有剩余的物品跟其他动物进行交换。"

"但是在新的技术出现后，比如农耕技术，动物们就可以生产很多不同类型的东西。这时，继续使用物物交换的方式就会很不方便。更多情况下，一方想要跟其他动物交换自己的物品 A，但是另一方并不想交换这个物品，他也许想要物品 B。最终，动物们不得不寻找一种能够被交换双方都接受的物品。贝壳，就是其中之一，它是历史上最早的货币类型之一。"

"再后来，随着社会制度以及法律的建立，法定货币出现了，它由政府统一制作和发行，货币于是变得更加稳定了。”

“我明白了爸爸！我们现在使用的，就是法定货币吧。”

“飞飞真聪明。这种法定货币是依靠政府的法令才能成为合法通货的货币的。你平常使用的纸币和硬币，都是法定货币。直到新技术的出现，法定货币在形式上也出现了一些变化，不过，它在本质上仍然是一种法定货币。”

“原来是这样！”学到新知识的狐飞飞满意地点点头。

小货币的大用途

这几天，苹果城的大街小巷都在进行着清洁与修缮工作，热火朝天，好不热闹。

狐飞飞写完了作业，正趴在窗台上看着大街上来来往往的动物们。

看着洒水车从门口开过，狐飞飞很疑惑。

“为什么这几天大街上一直都在清扫呢？”狐飞飞心想。

这时，狐飞飞看到一些叔叔阿姨正在往路边高高的路灯杆上挂旗子。

旗子有两样，其中一面旗子狐飞飞认识，它上面有着一个金色的大苹果，这是苹果城的官方旗帜——

“苹果旗”。

但是另一面旗狐飞飞没有见过，它上面画着一个大大的椰子和几片椰树叶子，旗子上的大椰子栩栩如生，感觉随时都要从旗帜上掉下来，砸到路过的动物了！

“爸爸，这面画着椰子的旗帜代表了什么呢？它为什么和我们的金苹果旗一起挂在路灯杆上？”

狐爸爸戴起眼镜朝楼下望了望，开口道：“哦，这是咱们的邻国，椰树国的旗帜呀。”

狐飞飞恍然大悟：“原来是椰树国的旗帜。我之前只听说过椰树国，还从来没见过椰树国的旗帜呢！”

在地理课上，狐飞飞就知道了，椰树国是苹果城的海上邻国，就在苹果城黄金海滩的对岸。椰树国的气候跟苹果城的截然不同，内陆大部分地区都是沙漠，于是椰树国的动物们基本都生活在沿海地区，椰树就成为了他们的标志性作物。

“明天椰树国的外交代表团就要来到我们苹果城

了，所以现在我们正在清扫街道，悬挂旗帜，为迎接他们做准备呢。”狐爸爸说。

“咦？外交代表团是做什么的呢？”狐飞飞好奇地问道。

狐爸爸回答道：“一般来说，无论是苹果城还是椰树国，或是其他国家，都会向别的国家派出外交代表团进行访问，访问的其中一个目的就是加强两国之间的商业贸易。比如说，我们苹果城可以向椰树国出口其产量较少的苹果，而椰树国就可以向我们出口其特有的椰子。除了农产品，两个国家还会在很多领域展开合作，这样的合作对两个国家都有好处。”

狐飞飞还是第一次听到“代表团”“商业贸易”这些新奇的词语，不过聪明的他已经发现了一个问题。

“爸爸，你之前跟我说过，现在的货币都是法定货币，是由一个国家发行的。那假如苹果城和椰树国进行贸易怎么办呢，他们会认可对方的货币吗？”

狐爸爸一愣，他没想到狐飞飞居然能问出这样复杂的问题，看来，狐飞飞已经学会了举一反三。

狐爸爸耐心解释道："飞飞啊，你问得很好。货币实际上有五大职能，你问的这个问题正好对应了货币的其中一个职能，叫作世界货币。"

"世界货币的意思是，货币在整个世界上的流通作用。就像你说的一样，因为各个国家内部流通的货币都是各自的法定货币，一旦在国际上进行交易，就必须脱掉各自的'外衣'，以金块的方式来进行交易。在整个世界，尽管每个国家的货币在形式上和数额上有着不同，但是实际上它们的价值都是由这个国家所拥有的黄金数量的多少来决定的。"

"原来是这样啊……"

"飞飞，除了世界货币的职能，结合你在日常生活中的经历，你还能想一想货币的其他四个职能是什么吗？"狐爸爸笑着问道。

"我记得我们每次买东西，货架上都会标着这件东西的价格，这个算不算呢？"

"答对了，这个是货币的价值尺度职能，即货币用来衡量和表现商品价值的一种职能。"

“那爸爸，我感觉现在的货币跟之前的物物交换有一些联系，货币就好像一个中介，大家都必须经过付钱这个步骤才能做到交换。”

“不错，这就是货币的流通手段职能了，它指的是货币充当商品交换媒介的作用。太棒了，狐飞飞，你已经知道了三个货币职能了哦，还有两个职能会是什么呢?”

狐飞飞低头思考着。

“我记得，每个月爸爸和妈妈都要向银行还一次房贷，这是不是也是货币的职能之一呢?”

“这叫作货币的支付手段职能，这时买卖双方存在一种债权债务关系，简单来说就是谁欠钱谁还钱的过程。”

还有最后一个职能，狐飞飞想了很久，一直没什么头绪，应该是他还没有使用过货币的这种职能吧!

“哈哈哈，最后一种职能对你来说有些神秘，就由我来给你揭秘吧。它就是货币的贮藏手段职能，是指把货币存起来，不进行交换的行为。需要注意的是，能使用这一职能的货币必须是足值的金银货币哦。”

“怎么样，飞飞，记住货币的五种职能了吧。”狐爸爸笑着问道。

“记住了，货币真的好神奇啊！”

“这还只是开始呢，等你再长大一些，你会了解更多的经济知识。假如你将来在大学学习了经济专业，你就会懂得更多，说不定还会成为一个经济学家。”

当天晚上，狐飞飞反复琢磨着爸爸的话。

“经济学家，听起来好厉害，我将来要努力成为一个经济学家！”

为什么钱会“不值钱”？

这天放学之前，山羊老师出现在教室里，给同学们带来了一则消息。

“同学们，咱们学校在这个周末打算举办一次校园旧物展览活动，希望每位同学能从家里带一件有历史意义的旧物件来，给同学们展示和介绍。”

“这可不是普通的展览，相信大家都能学到很多东西。大家一定要认真准备哦。”

“好的，山羊老师！”同学们齐声回答。

放学路上，狐飞飞一直在思考家里有什么合适的东西可以带去展览。

“有历史意义的旧物件，那我的玩具车、连环画和游戏机肯定就不合适了。看来还是得去找爸爸妈妈帮忙。”

回到家，狐飞飞先是在家里翻来覆去地找了一会，却没有找到合适的物件，便找到正在卧室里休息的狐妈妈。

“妈妈，山羊老师说需要我们带一件有历史意义的旧物件去学校展示，并且还需要跟同学们介绍。我在家里找了好一会儿，但还是没有找到需要的东西。”狐飞飞无奈地说道。

“原来是需要旧物件啊，飞飞别急，我跟你一起去找找。”

就这样，狐飞飞和狐妈妈在家里开始寻找符合要求的物件。

“唱片机太大了，飞飞你可拿不动。”

“古瓷器又太贵重了，万一展示的时候打碎了就不好了。”

忽然，狐妈妈找到了藏在抽屉底部的一个小盒子，打开一看，正是狐飞飞需要的东西呢！

“找到了，飞飞，你看看这个怎么样。”

狐飞飞赶紧凑过来，发现是几张花花绿绿又皱巴巴的纸。

“这是什么啊？看起来好陈旧……”

狐飞飞妈妈笑着解答道：“这是咱们苹果城的第一版法定纸币，是你爷爷的爷爷留下来的，现在市面上流通的纸币已经是第五版了。”

“哦？”狐飞飞瞬间来了兴趣，凑到妈妈身边，仔细观察起这几张富有年代感的纸币来。

这些纸币跟现在的纸币有着很大的不同，它们看起来很脆弱，上面的图案也谈不上精美，画着老式卡车，或是红砖砌的工厂等看起来就比较陈旧的东西。

“哎，妈妈，这里怎么有一张标着 50000 元的纸币啊，我看咱们现在用的货币，面额最高也就是 100 元啊？”眼尖的狐飞飞一眼就发现了这个“天文数字”。

“哈哈哈，飞飞啊，当时的 50000 元和现在的

50000 元所代表的价值可是完全不一样的哦。”

“啊？这是为什么呢？”狐飞飞有一些疑惑。

“飞飞，你还记得之前山羊老师讲过的货币的定义是什么吗？他说过货币是一种特殊商品。”

“对的，山羊老师说过这句话，还教了我们很多货币知识呢。”

“那你想想，纸币虽然是货币的一种，但是它是商品吗？纸币本质上就只是一张纸哦。”

“对啊，既然它本质上是一张纸，那它为什么还可以是能代表其他商品价值的货币呢？一张纸本身的价值并不高。”

狐飞飞每天都在使用纸币，但他从来没有思考过这个问题。

狐妈妈说：“纸币之所以可以流通，是因为国家通过法律手段赋予了它价值，使它能够作为货币的一种特殊形式来使用。”

“原来如此，纸币虽然本身没有价值，但它被国家的公信力赋予了等同于货币的价值，所以纸币才可以被叫作法定货币。”狐飞飞思考了一会，说道。

“正是如此。”

“妈妈，我还有一个问题。既然纸币的价值是国家通过法律赋予的，那纸币上面的金额是不是也是国家通过法律强制规定的呢？”

“当然不是了，飞飞，纸币上的数字是根据国家的经济发展水平制定的。虽然国家通过法律给纸币赋予了货币的功能，但是纸币所代表的真实价值是国家无法通过法律来决定的。”

“那什么是纸币代表的真实价值呢？”

“就是纸币上面所标注的面额的实际价值，虽然数字是一样的，但是它所代表的真实价值是变化的。”

“飞飞，我给你举一个例子吧，今天你可以用 1 元就买到一个冰淇淋，但是可能一年之后，一个冰淇淋就要 2 元了。虽然一个冰淇淋要 2 元了，但是纸币上的面额还是 1 元，你原来用 1 张 1 元纸币，现在却需要 2 张 1 元纸币，也就是说，纸币上的金额实际上只有原来的一半了。”

“可是，为什么纸币代表的实际价值会变化呢?”

“这与纸币的发行量有关。纸币发行的数量越多，每一张纸币的实际价值就越低。这就像给咖啡兑水一样，加入的水越多，咖啡的味道就会越淡。”

狐妈妈继续讲道：“纸币发行多了，就会造成通货膨胀，这时各种商品的价格都会上涨，钱就会变得不值钱。反之，假如纸币发行得少，就会造成通货紧缩。”

“一旦纸币发行得太多或者太少，就容易产生严重的通货膨胀或者通货紧缩，这会给整个国家的经济带来冲击，甚至有可能带来金融危机。”

“原来纸币的发行也是一门学问啊！”听完狐妈妈的话，狐飞飞这才明白了小小的纸币背后所蕴含的巨大意义。

“那我就带这几张纸币去参加学校的旧物展览吧！到时候和他们讲一讲妈妈跟我讲的小故事，一定能把小动物们全部吸引住！”

什么是“挖矿”？

这天，狐飞飞一边吃着草莓冰淇淋，一边往家走。

早在几天前，爱观察的狐飞飞就发现了一些变化：路边原本的空地上建成了一栋奇怪的建筑，它有三层楼高，上面只有零星几扇窗户。

一开始狐飞飞以为这是一个仓库，但是经过这几天的观察，狐飞飞认为这栋怪怪的楼一定有别的用途。

“一般的仓库都会有一个很大的大门，这样大卡车就可以直接开进去装卸货物，但是这个楼只有几个小小的侧门。说是工厂也不像，我从没看到里面有产品生产出来。感觉这栋楼完全与世隔绝，好几天了，也没看到有人进出。”

尽管狐飞飞想要走近这栋楼一探究竟，但是墙上用红色油漆写着的“禁止靠近”的大字，以及门口凶神恶煞的花豹叔叔，都让狐飞飞只敢远远地看着。

“这究竟是什么地方呢?”狐飞飞一边好奇，一边向家里走去。

晚上，狐飞飞一家围坐一桌吃晚饭，电视里正播放着今日新闻。

“今年夏季，由于持续的高温以及不规范的用电行为，苹果城的电力供应较为紧张，我们在这里号召苹果城的各位居民规范用电、节约用电。”

“今年夏天热得可真早啊，这才5月，气温就已经这么高了。”狐爸爸一边吃着，一边望向窗外仿佛静止的树木。

“今年电费还上涨了呢，现在电力供应很紧张啊。”狐妈妈也附和着。

“妈妈，为什么今年电力供应紧张啊?”狐飞飞问道。

狐妈妈说：“这是因为天气太热。大家需要开空调制冷，用电量就上升了。”

狐爸爸补充道：“今年还有特殊情况呢，有不少动物在用电脑进行挖矿，这也需要很多电。”

“挖矿，是开挖掘机去挖石头吗？又为什么要在电脑上挖矿？”

狐爸爸和狐妈妈对视一眼，狐妈妈一个眼神示意，狐爸爸只好开口解释。

“飞飞，在电脑上挖矿是一个比较复杂的经济概念，我先从一些简单的概念给你讲起吧。”

“之前给你讲过，商品分为有形和无形两种，你还记得吧。”

“当然记得啦。”狐飞飞自信地昂起头。

“咱们的货币也是一样，分为有形与无形。一些货币，比如说贝壳币、硬币和纸币，它们都是有形的货币。但是生活中还存在着一些无形的货币，这些无形的货币，一种是电子货币，另一种是数字货币。”

狐飞飞懵懂地点了点头。

“电子货币，就是我们日常生活中使用的纸币的电子化形态。我们把货币存进银行，银行再把这些货币以电子数据的形式存储在银行的计算机系统中，并通过计算机网络系统以电子信息传递的形式实现货币的流通和支付功能。这就是为什么我们可以使用银行卡支付和扫码支付等方法来付款，在这种情况下，我们支付的就是电子货币。电子货币一般来说都是被国家严格监管与保护的。在我们苹果城，电子货币的发行跟纸币一样，都只能由政府发行。”

狐爸爸顿了顿，看了看认真听讲的狐飞飞，满意地继续说道。

“另一种无形货币，叫作数字货币。与电子货币不同的是，大部分的数字货币实际上并不是由国家或政府发行的，这也就是说，数字货币并不是法定货币，一些数字货币甚至不是合法的货币，它们只能在很小的范围内流通。”

“爸爸，我明白了，无形货币的两种分类我都知道了。但是这和挖矿有什么关系呢？”

“飞飞，最近你在回家的时候，有没有注意到一栋黑色的奇怪建筑？”

“啊，我知道，是那栋没有窗子的怪楼！”

“可别小看了这个地方，这里就是数字货币的生产基地。”

“啊？”狐飞飞有些难以置信，上个学期，森林中心小学曾经组织同学们参观了苹果城印钞厂，那里的办公大楼和制造厂高大、整洁、又明亮。很难想象那栋黑漆漆的小楼也是制造货币的地方。

“在那个小楼里，动物们使用电脑制造电子货币，并不是使用印钞机，这种行为就叫作挖矿。想要制作大批量的数字货币，就需要很多台电脑进行挖矿。也许在这栋黑色小楼里，正有着几千台电脑同时运作呢。”

“啊，几千台？”狐飞飞太惊讶了，难怪小楼周边老是有着嗡嗡的声音和难以忍受的高温。

“爸爸，我明白了，因为数字货币不是法定货币，政府不会去制作它们，只能由私人制造数字货币，所以就有这样生产数字货币的地方了。”

“就是这样。”

“可是，爸爸，既然数字货币不是法定货币，那么制造数字货币会不会跟制作假钞一样是违法的呢?”

“它们当然是有区别的。因为数字货币是近几年才出现的，它不像纸币一样成熟，流通时存在很多问题，比如它的实际价值波动很剧烈，生产数字货币的方式容易出现安全问题，还会消耗很多很多的电，造成城市用电紧张。一些国家明确禁止生产和使用数字货币，关闭了私人数字货币制造厂，一些国家还在研究使用数字货币的可行性。总的来说，数字货币的发展还处在初级阶段。”

听到这里，狐妈妈担忧地说：“飞飞，以后放学也不要从那个楼经过了，我担心有火灾的风险。”

“飞飞啊，现在你应该已经意识到了，经济社会并不只有有序和美好的一面，还有着其混乱的一面，就像附近的私人数字货币制造厂一样，处于合法和不合法的边缘。将来你一定要规范自己的经济行为，千万不要做违法的事情。”

“放心吧，爸爸妈妈，我知道了！”狐飞飞乖巧点头。

音乐节与外汇

“狐飞飞，你周末想不想出去玩？”

刚下数学课，熊猫阿默就转过头，笑着问狐飞飞。

“咦？去哪里玩？”

狐飞飞顿时来了兴趣。要知道，熊猫阿默向来喜欢安静，很少主动邀请其他小朋友一起玩。

“你还记得我这段时间都在学习钢琴吧，这个周末会有一个专门为小学生举办的草地音乐节，到时候会有音乐表演，演出结束后还可以买一些音乐家的音乐作品呢！你想不想和我一起去？”

狐飞飞可不想错过精彩的音乐节，况且，他早就想听听熊猫阿默的钢琴演奏了！

“好呀，我到时候一定陪你去！”

“太好了！对了，我建议你多带些零花钱，音乐节上可是能遇到不少好东西的，你一定会喜欢。”

“谢谢提醒！”

转眼，周末就到了。狐飞飞按照约定好的时间，前往草地音乐节的举办地。

音乐节的举办地离森林中心小学很近，就在小学后山不远处的一个天然大草坪上。

远远地，狐飞飞就看到了在门口的熊猫阿默一家。熊猫阿默今天穿着正装，显得成熟又帅气。

“狐飞飞，我在这里！”熊猫阿默在远处向着狐飞飞挥手。

“叔叔阿姨好！”狐飞飞先和熊猫阿默的爸爸妈妈问好，又和阿默打趣道：“阿默，难得看到你穿得这么正式呢！”

“嘿嘿，你总算来啦，我是12号，大概还有半个小时就要上场了。我现在要去后台准备，你可以和我的爸爸妈妈先到观众席上坐好，等我表演吧。”

于是，熊猫阿默走向后台，狐飞飞与熊猫爸爸、熊猫妈妈一起来到观众席，找到了一个视野不错的位置。

音乐节的舞台布置得流光溢彩，音响播放着优美动听的音乐，整片草坪都洋溢着欢乐的气息。

很快，熊猫阿默就上场了。只见他像个艺术家一样走到钢琴旁，先是向观众们鞠了一躬，随后坐在琴凳上，和着伴奏，熟练地弹奏起来。

尽管狐飞飞不了解钢琴，但他还是可以从现场观众的反应中看出来，熊猫阿默的钢琴表演非常棒。

等熊猫阿默下了台，狐飞飞第一个冲上去拥抱了他。

“阿默，没想到你的钢琴弹得这么好！”

“哈哈哈，谢谢你的夸奖，其实我和音乐节上那些真正的音乐家相比不算什么，我还有很大的进步空间呢！”

熊猫阿默早已在后台换下了他的正装，又回到了平时的那个熊猫阿默。

“走吧，表演结束了，我们现在去逛逛音乐节吧！”

熊猫阿默带着狐飞飞在音乐节的外场里跑来跑去，一会去卖乐器的小店看看，一会去和其他的小朋友聊聊天。

熊猫阿默拉着狐飞飞来到一个特殊的摊位。

“狐飞飞，这就是我和你说过的好东西，是小朋友们自己完成的乐谱和唱片。”

狐飞飞低头一看，只见摊位上摆着各种形状的包装盒，打开还可以看到里面的碟片。

狐飞飞惊讶极了：“阿默，这里也有你的唱片吗？”

“当然有的，不需要你花钱，我直接送你一张。”熊猫阿默笑笑，递给狐飞飞一张写了自己名字的唱片。

“不过其他的那些唱片可不便宜，基本都超过了10元钱呢。你如果有喜欢的，就要自己花钱买啦。”

听到这里，狐飞飞暗自庆幸。因为有上次兔小葵带自己去跳蚤市场的经历，所以参加这次活动时，他特意多带了一些钱，以防止出现想买东西却没有钱的尴尬场面。

狐飞飞拍了拍自己的小钱包："放心吧阿默，我带够了钱呢！"

最终，经过一番精挑细选，狐飞飞带着满意的唱片回到了家。

"多亏我多带了一些钱，不然我就买不到这张唱片了。"吃晚饭的时候，狐飞飞得意地跟爸爸妈妈说道。

"我们家飞飞可聪明了，都知道存一些钱，有备无患了。"

"飞飞，个体要考虑存钱来应对风险，如果我们把这个问题放大一些，放大到一个国家，是不是也是同样的道理呢？爸爸来考考你，一个国家怎么才能够做到像你今天这样有备无患呢？"

"啊，我不知道……"还沉浸在妈妈表扬中的狐飞飞被问住了，根本回答不上这个问题。

看着狐飞飞认真思考的样子，狐爸爸也不打算再为难他，大大方方告诉了狐飞飞正确的答案。

“能帮助一国储备财富的方式，就是外汇了。我给你举一个例子吧。我们苹果城就准备了一些椰树国的货币，平时不会轻易动用。但有一次，椰树国的椰子出口公司与苹果城签订了合同，约定有一批特价椰子可以卖给苹果城，但要求必须以椰树国的货币支付，并且付款时限只有半天。苹果城负责进口的公司来不及从银行换出这么多的椰树国货币，这个时候我们储备的椰树国货币就起到了作用。”

“大部分国家都会储备一些别国的货币，这些储备就叫作外汇。外汇的作用十分广泛，很多时候被用来向其他国家支付债款，以维持国际收支平衡。这种方式实际上与你今天多带钱的行为有一些相似。”

“原来是这样。”狐飞飞若有所思。

晚上睡觉前，狐飞飞听着从音乐节上买来的唱片，他又想起晚饭时爸爸说的话。

狐飞飞忍不住思考："两国交易时使用外汇来进行付款，使用的是其他国家的货币，那我们又是怎么获得其他国家的货币的呢?"

狐飞飞对此很好奇，不过白天实在是太累了，他想着想着，不知不觉就进入了香甜的梦乡……

椰子怎么变贵了?

森林中心小学迎来了快乐的暑假。

这个暑假，狐爸爸和狐妈妈决定带狐飞飞去椰树国走走，看看他国风情，开阔一下儿子的眼界。

椰树国与苹果城隔海相望，海边沙滩上分布着高大的椰树，路边的小摊上摆放着香甜多汁的椰子。

狐飞飞第一次来到椰树国，对这里的一切都很好奇。

“哇，这里的海滩和我们苹果城的黄金海滩完全不一样!”狐飞飞兴奋地在沙滩上跑着跳着，身前就是蔚蓝的大海，身后留下了一串串狐狸脚印。

“飞飞，慢点跑，别摔着了!”狐妈妈跟在狐飞飞后面，无奈地喊道。

狐爸爸倒是不急不忙："狐妈妈，椰树国的海滩确实跟苹果城的不一样啊，感觉这沙子更干一些，也更细一些。"

狐妈妈说："也许是气候的原因吧，椰树国的气候比我们苹果城干燥很多。不过狐爸爸，难得你这个月休假啊，我们都多久没有陪儿子出来散散心了？"

"是啊，平常工作忙，这次总算能出来放松一下，你看我们飞飞，玩得多开心啊。"

狐爸爸和狐妈妈一边聊，一边在海滩上漫步。而狐飞飞正蹲在沙滩上，用沙子堆着城堡。

"这里还差一个塔楼，再在这里开一个窗子，那里开一个城门，我的城堡王国就建好了。到时候再挖一条护城河……"

狐飞飞玩得不亦乐乎，他的沙堆城堡渐渐成型，只差一条护城河就完成了。狐飞飞没有注意到，远处的夕阳正缓慢沉入海面，波光粼粼的海水也在渐渐上涨。

"狐飞飞，该走了，太阳要下山了，马上涨

潮了！”

狐爸爸的呼喊声打断了狐飞飞的思路。虽然很不情愿，但是眼看着不断上涨的海潮，狐飞飞也只能放弃他的沙堆城堡，收拾好东西，回到爸爸妈妈身边。

不过，狐飞飞还是很满意他的杰作！在临走前，拿起相机对着自己的城堡拍了好几张，打算拿给兔小葵和熊猫阿默看一看。

在回酒店的路上，狐飞飞一家遇到了一位卖椰子的骆驼大叔。

骆驼大叔响亮的吆喝着：“新鲜的椰子，新鲜的椰奶！走过路过不要错过！”

狐飞飞玩了一下午，早就口干舌燥了，他跑向骆驼大叔的小摊，连忙举起自己的小钱包。

“骆驼叔叔，我想买一个椰子，请问要多少钱呢？”

“狐狸小朋友，我的椰子是整个椰树国最便宜、最好吃的椰子，一个椰子只要 40 元哦。”

“啊！这么贵吗？”

狐飞飞可不觉得骆驼大叔的椰子便宜，在苹果城里，这么大的椰子最多只要 20 元呢！

骆驼大叔看到狐飞飞惊讶的样子，马上就明白了。

“狐狸小朋友，你是苹果城来的游客吧。我口中的椰子的价格，是根据我们椰树国的货币来定的，自然听起来和你们苹果城的不一样啦。”

“哦！原来是这样。不过我只有苹果城的货币，骆驼叔叔，我可以给你苹果城的钱吗？”

“这个不行哦，狐狸小朋友，你得去把苹果城的货币兑换成我们椰树国的货币，才能购买我们椰树国的商品。”

“飞飞，走吧，我们先去银行兑换货币，再来买椰子吧。”狐爸爸和狐妈妈叫上了狐飞飞，一起往银行走去。

到了银行，狐爸爸和狐妈妈有意锻炼一下狐飞飞的交际能力。

狐爸爸鼓励地推了一把狐飞飞："你去吧，飞飞，告诉营业员海鸥姐姐你要用苹果城的货币兑换 40 元椰树国的货币，问问她需要多少苹果城货币。"

狐飞飞早就跃跃欲试，一路跑到营业员海鸥姐姐面前。

"海鸥姐姐，我需要兑换 40 元椰树国的货币，用苹果城的货币来换，请问需要多少钱呢?"

"好的狐狸小朋友，今天苹果城的苹果元兑椰树国的椰子币，汇率是 11. 43。也就是说 1 元的苹果元可以换 11. 43 元的椰子币。小朋友，你给我 4 元的苹果元吧。"

狐飞飞终于知道了，原来苹果城的货币叫苹果元，椰树国的货币叫椰子币。

过了一会儿，狐飞飞拿着 40 多元的椰子币从银行走出来。他拿出 40 元椰子币，和爸爸妈妈一起去骆驼大叔的摊位买了一个椰子。

椰子水清清甜甜的，狐飞飞一边喝着一边问起来。

"妈妈，刚刚银行的海鸥姐姐提到了一个新名词，叫作汇率，她还说苹果城的苹果元兑椰树国的椰子币，汇率是11.43，于是我用4元苹果元兑换到了45.72元的椰子币。但汇率是什么意思呢？”

在森林银行工作的狐妈妈当然知道，她笑着回答：“汇率就是两种货币之间兑换的比率，也就是用一国货币表示的另一国货币的价格，一般是不同国家的货币才会进行兑换。”

“那为什么不是1元钱换1元钱的等价交换，而是1元钱可以换成好多钱呢？”

“这是因为每个国家的货币价值实际上是不一样的，不同价值的货币兑换起来自然数量上就不一样了。”

“这和商品好像啊！不同价值的商品就会有不同的价格，只不过汇率衡量的是两国货币的价格！”

“没错，就是这样，我们飞飞太聪明啦！”

狐爸爸适时地插话道：“好啦，时候也不早了，狐妈妈，还有飞飞，我们该回酒店休息了。”

第二天，狐飞飞一家早早就起了床，来到海边看日出。

椰树国的海上日出与苹果城的比起来，别有一番风味。因为椰树国的海边就有一大片沙漠，初升的太阳照在高高低低的沙丘上，很像一幅富有层次感的油画。

“妈妈，我们今天准备做什么呢?”

“等下吃过饭，我们就去买一些椰树国的特产，带回家给亲戚朋友们，你也可以准备一些小礼物送给你的好朋友们。不过，要再麻烦你去一次银行兑换椰子币了，这次妈妈多给你一些苹果元。”

于是，狐妈妈领着狐飞飞来到昨天那家银行。

狐飞飞说：“海鸥姐姐，我又来了，这次我还是用苹果元兑换椰子币!”

海鸥姐姐笑着回答：“好的狐狸小朋友，现在苹果元和椰子币的汇率是 12.01。”

“咦，海鸥姐姐，我记得昨天的汇率不是 11.43 吗，怎么今天就变成 12.01 了?”

“小朋友，汇率是实时变动的，你看，我们椰树国与其他各国的货币的实时汇率都是显示在大屏幕上面的。”

狐飞飞随着海鸥姐姐手指的方向望去，看到大厅里确实有一块电子大屏幕，上面标示着各个国家货币的名字以及很多很多的数字，这些数字隔一会儿就会小范围变化一次，令人眼花缭乱。

等狐飞飞兑换好椰子币走出银行，他又产生了新的问题。

“妈妈，怎么这次苹果元能够兑换更多的椰子币了，汇率原来还会变化吗？”

“是啊飞飞，因为汇率代表的是两个国家的实时货币价值，而国家储备的财富是时刻变化的，所以汇率也是会变化的哦。银行会根据国际实时收支来获得汇率的具体值，然后再把这些数据公布出来，并且不断地修正，这样人们就可以按照最新的汇率进行兑换。在这种技术普及之前，不同国家的货币兑换远不及现在这样简单。”

“我明白了，那以后我兑换他国货币之前，也要先去看看大屏幕上的汇率！”

……

狐爸爸和狐妈妈挑选到了合适的特产，狐飞飞也用换来的椰子币买到了心仪的礼物。

这次椰树国之旅，狐飞飞不仅看到了美景，还学习到了新的经济知识，真是一次圆满的旅行！

变动的汇率

从椰树国回来已经一周多了。狐飞飞还是非常想念在椰树国的时候，怀念那里的沙滩和好吃的椰子。

这一天，小朋友们聚在一起，分享着暑假的趣事。这种事当然少不了狐飞飞，他正和朋友们炫耀自己的经历呢。

“椰树国的日出真是太美了，那是一种在黄金海滩完全不能体会到的，那种明暗结合的画面，啧啧……”

不得不说，狐飞飞确实是一个讲故事的高手，他把自己这几天的见闻绘声绘色地讲述出来，虽然也有很多夸大的部分，但是却让小朋友们更爱听了。

“对了，椰树国的椰子币也很便宜，我们的苹果元可以换到好多好多的椰子币，去那里旅游还很划算呢！”

“椰树国的椰子也很好吃，还可以现场制作椰奶，可清甜了。”

听到这里，兔小葵倒是来了兴趣，她很想去尝尝椰奶的味道。

当然，除了兔小葵，还有不少小动物们都被狐飞飞讲的故事吸引了，他们都在盘算着这个暑假也要说服爸爸妈妈一起去椰树国游玩一番！

……

晚上，狐飞飞回到家。无意之中，狐飞飞看到了自己在椰树国时穿的短裤。

“短裤要收起来了，苹果城还没到穿短裤的季节呢。”

狐飞飞拿起短裤，发现这短裤居然沉甸甸的。仔细一看，短裤的口袋都是鼓鼓的，狐飞飞很奇怪，于是伸手进去摸摸看里面到底有什么。

没想到，抽出手来时，狐飞飞拿出了好多枚绿色的钱币，上面还印着椰子和椰树，正是椰树国的椰子币！

“糟了，这是椰子币，我在离开椰树国的时候，忘记换回苹果元了。”

狐飞飞直呼不妙，连忙来到客厅找到狐妈妈。

“还有这么多椰子币呀，飞飞，以后可不能再这么粗心了。你明天就去森林银行，再把它们换回来吧。”

第二天，狐飞飞早早起床，来到附近的森林银行，准备把椰子币换回苹果元。

“对了，不是说银行都会有一个展示汇率的电子屏幕吗，我来找找看。”

狐飞飞四下张望了一下，很快就找了悬挂在柜台上方的电子屏。接着，狐飞飞又在上面找到了苹果元兑换椰子币的汇率。

“汇率居然已经上涨到 12.5 了。”狐飞飞看着屏幕上的数字，真正感受到了汇率的神奇。

不过，狐飞飞突然意识到了一个更严重的问题。

“等等，要是汇率上涨到 12.5，那岂不是我用椰子币兑换回来的苹果元就变少了!”

可是已经答应了妈妈要兑好苹果元，狐飞飞只能硬着头皮来到兑换窗口，兑换了自己带来的椰子币。

“唉，真是心疼我的钱，没想到才过去一周多，我就亏了这么多……”

狐飞飞闷闷不乐地回到家里，给爸爸妈妈讲了这件事情。

“飞飞，这是正常的现象，有的时候汇率的变动就是会给兑换货币的人造成损失。”

“不过，飞飞，你现在是从个人的角度来看待汇率的变动，假如我们把视角上升到国家这个层面呢?如果汇率变动，会对一个国家造成什么样的影响呢?”

“这……我也不是很清楚。”

狐妈妈解释道：“就拿我们苹果城和椰树国来举例子吧。就像今天一样，我们兑换椰子币的汇率上升了，那我们生产的出口产品的价格也就上升了。这样一来，椰树国就会减少购买我们的出口商品。但是，这也意味着我们进口的椰树国的商品变得更便宜了，同样的苹果元可以买到更多的椰树国商品，我们苹果城也就可以进口更多的椰树国商品了。”

狐爸爸在一旁补充道：“所以说，汇率的上升和下降有好处也有坏处。但是总的来说，一个国家还是希望自己与其他国家的货币兑换汇率保持稳定。这样既不会对本国的出口贸易造成冲击，也不会影响本国的进口贸易，国家的经济就比较稳定，对于整个国家的所有动物都是有好处的。所以一个国家会随时进行经济的调整，以防止出现汇率的大范围波动。”

“原来是这样！那爸爸，我们能够预测汇率什么时候高，什么时候低吗？”

“汇率的预测是有风险的，有很多我们无法预测的因素会造成汇率的波动。比如一个国家发生了地震，这个国家的汇率就会受到影响，但地震是我们很难预测也无法改变的。所以对于汇率的预测有比较强的不确定性，只能由专业的经济学家来尝试预测，我们自己预测，那失误几率可是很高的。”

“嗯，我明白了！”

狐飞飞的银行卡

今天是森林中心小学新学期的开学仪式，狐飞飞也正式告别了三年级，成为一名四年级的学生。

一大早，狐飞飞就穿好校服，来到森林中心小学，准备参加开学典礼。

教室里已经来了不少同学了，一个暑假没见，大家的变化都很大，不少小动物都长高了很多。大家叽叽喳喳聚在一起，讨论和分享着暑假的见闻。

“好啦同学们，快点回到自己的座位上吧。”山羊老师走上讲台，满眼笑意地说着。

“恭喜大家顺利完成过去一年的学习任务，来到了新的年级。在四年级，大家会学习到更多也更难的知识，另外，大家还会有更多的机会去参加户外活动，交到更多的朋友。接下来我要分发这个学期的课程表和其他文件，各位同学快看一看吧。”

山羊老师给同学们发了不少文件，还包括一些预习作业。

狐飞飞把这些东西有序地装进文件夹里。在新的学期，狐飞飞也决定改掉乱丢乱放的坏毛病。

“好了，今天的开学报到就到这里，大家下午就回到家里好好休息，周末要认真完成作业，为周一的正式上课做好准备哦。”

“明白啦，山羊老师！”

回到家里，狐飞飞看到爸爸妈妈正在准备外出的衣服，狐飞飞很好奇。

“爸爸妈妈，你们这是要去干什么呀？”

“飞飞，你不是一直想要有一张自己的银行卡吗？现在你已经四年级了，我和你爸爸商量着也可以给你办理一张银行储蓄卡了。你现在去把你的身份证找出来，我们一起去银行办理银行卡吧。”

“哇，真的吗，谢谢爸爸妈妈！”

狐飞飞高兴极了。在拿好相关的证件之后，狐飞飞和爸爸妈妈一起来到银行。

营业员天鹅姐姐微笑着说：“狐先生、狐女士，请问你们二位要办理什么业务呢。”

“不是我们办理业务哦，是给这位小朋友。”

天鹅姐姐低下头，问狐飞飞：“你好啊，狐狸小朋友，你打算办理什么业务啊？”

“天鹅姐姐，我想办理一张属于我的银行卡。”

“这样啊，狐狸小朋友，你满 10 周岁了吗？”

“我已经 10 岁了，天鹅姐姐，办理银行卡的资料我也已经准备好了。”

“小朋友真棒，麻烦你和爸爸妈妈一起，跟随我来到柜台这边办理银行卡吧。”

在柜台前，狐飞飞发现天鹅姐姐会仔细核对自己的身份证明，将信息录入电脑中，很快，就为狐飞飞开通好了一个账户。

“办好啦，小朋友，现在你需要设置一串密码，然后在这里输入。”天鹅姐姐指了指狐飞飞面前的一个标着数字按键的键盘，“请一定要记住这串密码哦。”

狐飞飞思考了一会，输入了一串数字。

“好的，请再输入一次密码。”

狐飞飞又输入了一次密码。

“恭喜你小朋友，你拥有人生中第一张银行卡了。”天鹅姐姐一边说，一边把一张银白色的银行卡递给狐飞飞。

“好哦！谢谢天鹅姐姐！”狐飞飞开心地跳起来。

狐妈妈哭笑不得地拉住狐飞飞：“走吧飞飞，我们去那边的 ATM 机，往你的银行卡里存一些钱。”

“飞飞，把卡插进这里，然后输入密码就可以了。”

“妈妈，我输好了，我们快往里面存些钱吧！”

“先别急，飞飞，存款也是一门学问呢。你知道在银行里存钱，有什么好处吗？”

“这个我知道，会有利息！”狐飞飞得意地说道。

“答对了飞飞，那你知道存款实际上有两种方式吗?”

“啊，这个我就不知道了……”

“存款分为两种，一种是活期存款，另一种是定期存款。活期存款是指随时可以取出来的存款，这种存款的利率会低一些。而定期存款是在存款之前就确定存款的时长，比如说一年或三年，那么在这期间，是不可以随意把存款取出来的，这种方式的存款利率会高一些。但是总的来说，存款的利率都不是很高，所以存款只是一种比较保守的理财方式。”

“那我就先存活期存款吧，我可以用这张银行卡进行消费。”狐飞飞笑着说。

“好的，我这就给你一些钱作为零花钱，你放进ATM机里面就可以了。”

于是，存好钱后，狐飞飞蹦蹦跳跳地拿着自己的银行卡，和爸爸妈妈一起离开了银行。

从今天开始，狐飞飞就是有银行卡的小朋友了！

储蓄一点也不简单

昨天的开学典礼结束后，山羊老师在讲台上反复向同学们陈述着新学期的注意事项。

“同学们，根据学校的课表，我们在本学期会有 8 门课程，比三年级多 2 门。希望同学们在今天开学典礼结束之后，周一正式上课之前，把每一门课程需要的笔记本和作业本准备好。”

于是周六一大早，狐飞飞就把狐妈妈叫了起来。

“妈妈，我们去买文具吧。昨天山羊老师反复强调了，每一门课程都需要有专门的笔记本。”

“好的，毕竟你们下学期的课程会变得更难，确实需要每一门课都准备一本笔记本。那我们上午就去森林超市买东西吧！”

吃好早饭，狐飞飞和狐妈妈就来到了森林超市，准备采购一番。

不过，这次狐飞飞可不能再看游戏机了，他马上要为四年级的课程做准备，要减少玩游戏机的时间。

超市里，狐飞飞和妈妈先来到三楼，这里是玩具区和文具区。

之前，每次来到森林超市，狐飞飞都会先一头扎进玩具区，先玩一个小时。但是今天，狐飞飞甚至都没看一眼他心爱的玩具小车，直接奔向了文具区。

货架前，狐飞飞拖着购物小车，细心地挑选着自己心仪的笔记本和文具。

“这个本子空白页多，适合做数学计算。”

“这个本子有横线，适合记语文笔记。”

“这个英语本可以在英语课上记笔记……”

过了许久，狐飞飞才挑好了各科适用的笔记本。

于是，狐飞飞抱起一摞的笔记本，找到在一边休息的狐妈妈，打算去付款。

“走吧妈妈，我已经挑选好文具了！”

但在经过玩具区的时候，狐飞飞最终还是没能经受住考验。

“妈妈，我还是想去玩具区看看……”

“哈哈，我就知道你会忍不住。快去吧，正式开学前你可以再享受一会儿最后的假期生活。”

很快，狐飞飞就挑中了一辆玩具小车。

这辆玩具小车与狐飞飞之前遇到过的都不太一样，它更加精美，也更加栩栩如生。

“哇，这辆车真漂亮，只是这么精美的车，会不会很贵呢？”狐飞飞有些担心自己买不起这辆小车，于是弯下腰开始在货架上寻找着这辆小车的价格标签。

“呼，13元，还不算很贵。”狐飞飞松了一口气，拿起玩具小车向妈妈走去。

“妈妈，我想买这辆玩具小车！”

“又买玩具小车啊？”狐妈妈无奈。

“这个小车不一样，这一辆好看得多，我从来没见过这样漂亮的小车。”

“那你就用自己的零花钱买吧。经过上一次的零花钱减半，你的钱包里还有没有足够的钱呀？”狐妈妈笑着问。

“嘿嘿，我现在每次领到零花钱，无论领到多少，都会存下来三分之一！”

“还真是进步了，没想到我们飞飞居然已经这么有理财头脑了。”狐妈妈笑着拍了拍狐飞飞的小脑袋。

在回家路上，狐妈妈决定趁热打铁。

“飞飞，你觉得存钱的目的是什么呢？”

“存钱当然是为了买更贵的东西，以及为突发情况做准备。”

“对于个人来说是这样，那么国家存钱是为了什么呢？”

“唔，我只能想到应对突发情况这一点了，难道还有其他目的吗？”狐飞飞想了想，回答道。

“储蓄的钱还可以用来做投资呢。国家的储蓄越多，可以进行的投资就越多。有很多行业需要大金额的投资才能开展，个人往往没有如此雄厚的财力，只能由政府来主导这些项目，比如建设全国的铁路。”

“所以，一个国家的储蓄越多，可用于投资的资金就越多，国家就会发展得更好，对吗？”

“一定程度上是这样的，但是一旦一个国家的储蓄过多，就说明现在居民手里的现金过少了，大家的消费就会减少，这样对于经济的发展也是不利的。”

“妈妈，所以储蓄的数量既不能太少，也不能太多，是这样吗？”

“对的，任何事情都是有限度的，过多与过少都是不合适的，国家的储蓄如此，其他很多事情也是这样。”

回到家，狐飞飞把新买的笔记本整齐地放到背包里，又把新买的小车放在了柜子上。

狐飞飞已经迫不及待要开始新学期的生活了！

奇妙的银行

这天放学，狐飞飞和熊猫阿默、兔小葵一起在路上走着。

要问三只小动物为什么会走在一块？

那是因为他们已经一整个暑假没有见面了，狐飞飞要请他最好的朋友们一起吃一顿晚饭。

三只小动物边走边聊着天。走着走着，熊猫阿默忍不住问道："飞飞，今天发生了什么开心的事情呀，你居然这么大方，会请我们吃饭呢！"

在熊猫阿默的印象中，狐飞飞可精明了，他不仅不会乱花钱，还学会了攒零花钱。像今天这样花大价钱的事，他可是要反复思考，三思而后行的。

狐飞飞满不在乎地摆摆手："你们是我最重要的朋友嘛，当然要经常一起出来玩！正好暑假我和爸爸妈妈去了椰树国旅行，妈妈给了我很多钱，我攒下了一些，就可以请大家吃饭啦。对了，我还有礼物要送给你们呢！"

兔小葵听到狐飞飞买了礼物，开心得耳朵都竖得高高的："真的吗？飞飞，谢谢你想着我们！"

"好兄弟，够义气！"熊猫阿默也搭上狐飞飞的肩，两人默契地碰了碰拳。

正说着，三只小动物就到了苹果城最受小朋友喜欢的餐厅——金苹果餐厅。

"我们到了，走吧，今天我们要大吃特吃！"狐飞飞招呼着熊猫阿默和兔小葵。

"那我们可就不客气啦。"兔小葵和熊猫阿默异口同声地笑着说道。

在点菜的时候，三只小动物看得眼花缭乱，挑选了好一阵子，才选好要吃什么。

兔小葵说：“狐飞飞，我想吃这个青草小蛋糕，还有这个草莓奶昔！”

熊猫阿默说：“那我就要蘑菇汤、炒竹笋和酸奶冰淇淋吧。”

点好菜之后，狐飞飞拿出自己准备好的礼物。

给熊猫阿默的是一支画着翠绿竹子的钢笔，给兔小葵的是一个印着金黄葵花的头绳。

三个小朋友谈天说地，你一句我一句，分享着假期各自的见闻，品尝着各自美味的食物。

这顿饭吃了两个小时，小朋友们都很开心，等送走了熊猫阿默和兔小葵，狐飞飞就打算去结账了。

狐飞飞走到服务台，问服务员猫咪姐姐。

“猫咪姐姐你好，请问七号桌一共消费了多少钱呢，我来结账。”

“你好呀，狐狸小弟弟，我帮你查查看，七号桌一共消费了 120 元哦。”

狐飞飞想过消费会高一些，但没想到超过了 100 元，狐飞飞现在身上可没有那么多现金。

于是，狐飞飞向猫咪姐姐说道："猫咪姐姐，我现在没有这么多现金，但我有银行卡，我现在就去银行取钱，请你等等我！"

还没说完，狐飞飞就急急忙忙跑到大街上，四处寻找起银行的位置。

狐飞飞之前来过附近，对这里的街道有些印象。

"应该是这边，我记得转弯后的街角就有一家银行。"

狐飞飞跑过去，成功看到了银行的标志。

"找到了！这里果然有一家银行！"

狐飞飞推开银行的门，找到 ATM 机，模仿着上次看到的狐妈妈的操作，把卡插进机器里，准备输入密码。

可 ATM 机却没像之前一样，在显示屏上面显示"请输入密码"的对话框，而是出现了"操作错误"的提示。

"滴，无效卡，该卡非本行银行卡。"

啊！狐飞飞抬头一看，原来这家银行叫"绿藤银行”，而自己的银行卡上面写着“森林银行”，自己的银行卡是森林银行的银行卡呀！

“原来不同银行的银行卡也有不同啊……”

狐飞飞走出这家银行，结果发现，街对面就有一家森林银行。这下狐飞飞不用愁了！

“太好了，街对面就是森林银行，我现在就去取钱！”

取到钱的狐飞飞回到金苹果餐厅，服务员猫咪姐姐正在等着他，狐飞飞顺利将钱拿给了猫咪姐姐。

“总算成功结好账啦！”狐飞飞在心里想着。

晚上回到家之后，狐飞飞找到正在电视机前看电视的爸爸妈妈，将今天发生的事娓娓道来。

“看来飞飞，你又要问一些经济小常识了。”狐爸爸推了推眼镜，他十分了解自己的儿子。

“是的爸爸，我这次的问题是关于银行的！”

狐爸爸和狐妈妈连忙坐好，准备应对狐飞飞的问题了。

“爸爸，我们苹果城有好多家不同名字的银行。这些银行有什么区别吗?”

狐爸爸说：“这可是个好问题，不如就让在银行工作的狐妈妈来回答你吧!”

狐妈妈笑着接过话：“飞飞观察得很仔细呢。目前苹果城一共有四类银行。第一类就是苹果城中央银行。这个银行与我们平时存钱取钱的银行不一样，它不进行存取款的业务，它负责管理整个苹果城的货币。像这样的银行机构，其他国家也有，它们都被称作中央银行，一个国家基本上只会有一家中央银行，中央银行也是国家机构的重要组成部分。”

“我知道了，那另外三类呢!”

“第二类就是国有商业银行，它也是我们在日常生活中经常打交道的银行。像你的银行卡，上面写着的森林银行，就是我们苹果城最出色的国有商业银行。此外还有其他的国有商业银行，比如苹果城国家银行、苹果城商业银行、苹果城农业银行等。这些都是由苹果城完全独资成立和运营的银行。”

“第三类则是混合制商业银行，这些银行是政府和民间的投资共同成立的银行，并不是由政府出所有的钱而设立，所以它们在管理上会与一般的国有银行有一些不同。”

“最后一类就是外资银行，它们是外国资本经由我们苹果城政府的审核，在苹果城内设立的银行，这类银行的名字往往有比较明显的外国特色，比如椰子银行、绿藤银行等，其中的椰子银行，正是来自我们刚刚去过的椰树国，它是由椰树国的商人出资，在我们苹果城开办的银行。”

“虽然银行有这么多，但是只有中央银行是特殊的，它不进行银行的主要业务，也就是存款和贷款，其他银行在功能上都是一样的，你可以任意挑选一家银行进行储蓄，不过，你把钱存在哪家银行，自然也要去哪家银行取钱。”

“我明白了！我以后取钱，就去这张卡对应的银行就可以了！”狐飞飞说道。

“说得没错。”

狐爸爸说："不过，飞飞，我要提醒你，在金苹果餐厅，银行卡是可以直接进行刷卡消费的哦，不一定需要去 ATM 机取出现金再交易。"

"哎呀，我居然给忘记了。"狐飞飞懊恼地拍了拍头。

狐爸爸和狐妈妈都笑了起来。

今天我做小会计

开学没几天，同学们的新书就送到了。

森林中心小学的大门口，开来了不少印刷厂的送货大卡车，里面装着一箱箱的货物：有各个年级的教科书，给学校图书馆新进的图书，以及给高年级同学准备的试卷和练习册。

“狐飞飞，你看大卡车又来了，咱们的教科书到了。”

“这次的书好多啊，感觉比上学期多了两三辆大卡车呢。”

“应该是今年好多年级都增加了课程，学校也响应号召倡导大家多读书，所以需要的书就多了。”

没过多久，各个班级的教科书、练习册和其他图书就被运到了教室门口。

山羊老师在教室外忙碌着，他清点好书籍的总数，又核对好书籍的类目，才走进教室，叮嘱道："同学们，大家先在座位上坐好，一会我们就开始分发图书。"

山羊老师又叫了狐飞飞来帮忙。

"飞飞，这次的教科书太多了，我一个人忙不过来。山羊老师知道，你最近学习了很多经济知识，所以要请你帮助我收同学们的书本费。一会儿你就站在讲台上，每收到一位小朋友的书本费，就告诉我，我再把书本发给那位小朋友。等到大家都交齐了，你再统计好账目交给我。"

"没问题，山羊老师!"

"好，那我们现在就开始发书。"

狐飞飞感到很荣幸，又有些忐忑，毕竟山羊老师把这么重要的任务交给了自己。

"我一定得好好干，不能辜负了山羊老师的期待。"狐飞飞想着。

“同学们，昨天让大家带上自己的书本费，一共是151元，大家都带好了吗？”

“带好了，山羊老师。”

“好的，接下来我们从第一列的同学开始交钱，大家依次把钱交给狐飞飞，等他清点清楚同学们的书本费后，再到我这里来取书，大家听明白了吗？”

“明白啦！”

“好，那我们就开始发书咯。兔小葵，你来第一个领书。”

听到山羊老师指令的兔小葵迅速站起身，走到讲台前，把书本费递给了狐飞飞。

“一张，两张，三张……总共151元。”狐飞飞仔细数着钱，生怕出了差错。

“山羊老师，兔小葵的书本费正好。”

“好，兔小葵，这是你的书。”

“下一个，灰熊朵朵。”

……

就这样，讲台上慢慢堆起了不少同学们的书本费。

粗略一数，都有两三千元了。

狐飞飞数了一上午的钱，手都快酸了，不过狐飞飞很喜欢这样的感觉。

终于，最后一个小朋友的钱也收齐了，狐飞飞终于松了口气。

“好啦，目前咱们班里所有的书都发好了，飞飞，书本费的总数计算好了吗?”

“计算好了，山羊老师，人数和总金额都对上了。”

“那就好。同学们一定要保管好我们的课本哦，可以在今天放学之后给书套上一个塑料书壳。”

“好的山羊老师!”

叮嘱好同学们之后，山羊老师和狐飞飞一起，来到了办公室。

“飞飞，今天辛苦你了，把钱给我吧，我再清点一次。”

狐飞飞在一旁紧张地看着山羊老师算账，生怕自己数错了，给山羊老师添麻烦。

山羊老师数得又快又仔细，很快就把账算好了。

“做得很好，飞飞，我都可以叫你小会计了。”山羊老师很欣慰，表扬了狐飞飞。

“嘿嘿，没数错就好！”狐飞飞被夸得不好意思起来。

在回家的路上，狐飞飞开心极了。一方面是自己今天数了这么多钱，另一方面是自己竟然没有出现失误，真的帮到了山羊老师，山羊老师甚至喊自己小会计呢。

狐飞飞推开家门，飞一般地冲进客厅，找狐爸爸和狐妈妈说话。

“妈妈，今天山羊老师叫我小会计呢，我帮他收了全班的书本费，都没有出问题！”

狐爸爸夸奖道：“太好了，我们飞飞长大了，都能独立完成这样难的工作了。”

狐妈妈说：“飞飞，不知道你发现没有，你今天的工作与银行的工作其实很类似哦。”

“对哦，银行也会收集大家的钱，然后存起来。”

“没错。不过，银行除了存款取款，还有借款这项主要业务。”

“妈妈，银行不是还有货币兑换的功能吗。”

“对，有些银行还会销售之前爸爸给你讲过的那些理财产品。这些是所有银行都会有的业务，除了中央银行。”

“我知道，中央银行是负责调控全国货币政策的，它事实上是一个政府机构，我查过资料的！”狐飞飞骄傲地抬起头。

“完全正确！飞飞的记忆力真好，这样银行的知识你就知道个大概了。”

金苹果广场上，金苹果树果然又长出了一颗大大的苹果，这颗苹果代表着狐飞飞又学到了新的经济知识。

酷酷的运钞车

自从了解了银行的作用之后，狐飞飞就处处留意着身边的各家银行，还会积极给小朋友们科普银行的作用和类别。班里的同学们现在都很崇拜狐飞飞，都叫狐飞飞“小经济学家”。

这天，森林中心小学因为第二天要作为运动会比赛场地，学生们提前一个小时就放学了。

狐飞飞还没有这么早放过学，他走在路上，边走边想：“这个时候的街道会和平常放学后的街道有什么区别?”

这个时候有不少店铺还没有关门，街上还能看到清扫大街和整理街边绿化的工作人员。

“银行也没有关门呢，以往我都只能看到 ATM 机在工作，工作人员都下班了。”

这时，前方不远处开过来一辆面包车，这辆面包车引起了狐飞飞的注意。

它的车身是黑白色的，前面有一个大大的铁栅栏，后排还没有车窗，连车尾的门也没有窗子。

狐飞飞心想：“这辆车好奇怪，窗户这么少，还有结实的栅栏，它似乎在运输很重的东西，发动机发出了很大的声音。”

狐飞飞好奇地看着这辆车，只见它径直停在了银行正门，随后车门打开，走下来三位高大的黑熊大叔。

“呀，他们有枪！”眼尖的狐飞飞立刻发现三位黑熊大叔肩上都背着一把长长的枪。

“他们不会是来抢银行的吧！”狐飞飞立刻联想到自己看过的电影，里面就有穷凶极恶的罪犯持枪抢劫银行的剧情，狐飞飞紧张极了。

“怎么办，要不要报警啊，他们马上就要进去了。”狐飞飞眼看着黑熊大叔们离银行门口越来越近，不由得担心起来。

没想到，银行里走出两位穿着银行工作服的熊猫大叔，他们与走在最前面的黑熊大叔握了握手，然后让黑熊大叔在本子上签了字，居然就把这位黑熊大叔带进了银行里！

狐飞飞感到奇怪。

这时，另一位黑熊大叔则拿出了一串钥匙，走到面包车的后备箱前，将每把钥匙都用了一遍，才解开门锁，将门打开。

“那里面居然还有一道门！”狐飞飞这才发现，在车门的背后还有一扇钢制的门呢。

两扇门都打开后，这位黑熊大叔便取下了背后背着的枪，握在手里，警惕地左右观察着。

“咦，他们似乎不是来抢银行的？”狐飞飞已经发现黑熊大叔的行为与电影里面看到的不一样了。

这时，熊猫大叔和黑熊大叔一起，提着两个大铁箱子走了出来。他们把箱子抬到车上，锁上了这两扇门。黑熊大叔又在那个本子上签了字，然后和熊猫大叔挥了挥手，就告别了。

黑熊大叔开着车走了，熊猫大叔也拿着本子走进了银行，只剩下狐飞飞站在原地，百思不解。

“真奇怪，他们究竟是在做什么呢？”

带着这样的疑问，狐飞飞急忙奔回家，路上甚至都没来得及观察其他的变化。

推开门后，狐飞飞看见了在沙发上看电视的狐爸爸，连鞋子都没来得及脱，就赶紧跑到了爸爸身边。

“爸爸，我今天在放学路上，看到一辆奇怪的面包车，就在银行附近，当时可吓死我了……”

于是，狐飞飞给狐爸爸讲起了今天的所见所闻。

狐爸爸听完以后大笑起来。

“哈哈哈，飞飞，你不要怕，我先问你，银行每天要接待那么多去取钱的动物，你觉得那些现金会放在什么地方？”

“难道不是放在银行里面吗？”

“在工作时间，银行的现金都储存在银行里面，但是在下班之前，银行就会把钱送到更大的银行，只有这样的银行才有专门的保险库来存放大量现金，更安全，也更方便管理。”

“所以，在晚上，大部分银行支行会把各自的现金送进银行总行的保险库里面，第二天早上银行开业前，再把钱从保险库里取出来，运回支行。你看到的面包车，其实就是负责运送这些钱的运钞车，那些黑熊大叔和警察大叔一样，用枪来保护他们押送的现金。”

“吓死我了，我还以为他们是来抢银行的坏人呢。”

“哈哈哈，放心吧，我们苹果城的治安很严格，不会出现坏人的。”

“原来那是运钞车，运钞车可真是酷！比我的玩具模型酷多了！”

“运钞车不止酷，它可是承担着重要的使命呢。”

狐爸爸接着补充道：“其实银行这种把钱送到更大的银行的行为，体现了银行在我们整个经济系统中的作用。银行是一个枢纽，它负责将社会中单独个人的钱收集起来，而后整合输送到整个国家的经济系统里，同时，经济系统也可以通过银行的运作，把在经济系统里运行的钱输送回我们个人手中，方便整体经济和个人账户的交互。所以我们才说，银行起到了枢纽和中介的作用，它是经济系统中一个重要的环节。

“我明白了爸爸。原来银行这么重要啊，我将来也想和妈妈一样，去森林银行工作!”

“当然可以啦，只要你好好学习，学习经济知识，将来考上我们苹果城最好的森林大学，就可以去森林银行工作了。”

“嗯！我一定会好好努力的!”

一个错误的赌约

这天一大早，小朋友们就围在一起，叽叽喳喳地讨论起来。

“飞飞，你听说了吗，西瓜公司推出了一款名为西瓜眼镜的智能眼镜。据说这副眼镜可以把手机上的画面直接显示在眼镜上，我们就不需要低头看手机了。”

“这不就是之前的那种全息眼镜嘛，听说没什么用处。”

“飞飞，西瓜眼镜可是最新的款式，不只可以看到画面，还可以通过眼球的转动或眨眼睛来控制眼镜画面的播放，甚至还能打电话呢！”

“哇，真的有这么多功能吗？但它的价格应该不便宜吧……”

“宣传片上说要4000多元。”

“这也太贵了。”狐飞飞摇了摇头。

就在这时，一个不太友善的声音响起。

“哟，飞飞，据说你不是很会理财吗，想必存钱买一个小小的眼镜也并不困难吧。”

狐飞飞顺着声音看过去，原来是郊小狼在说话。

郊小狼是一只灰色的狼，他还有很多兄弟姐妹，有一个庞大的家族，所以他天不怕地不怕，也因此，他总是爱欺负其他小朋友。

“郊小狼，这可是4000元，你怎么不自己买一个?”还没等狐飞飞回答，熊猫阿默就抢先开口。

郊小狼却没有理会熊猫阿默，目光直直看向狐飞飞，甚至有些不怀好意。

“嘿嘿，就是因为难，所以才只有飞飞同学能做到嘛。”

狐飞飞一时被夸得忘乎所以，得意洋洋起来。

郊小狼继续说道："飞飞，你敢不敢和我打个赌，就赌这个学期结束之前，你能够靠自己攒下的钱买到这副 4000 元的眼镜。"

"天呐，这也太贵了，飞飞你不要答应他！"兔小葵是狐飞飞的好朋友，她赶紧拉住狐飞飞的手，试图阻止他。

狐飞飞不甘示弱，他不听兔小葵的劝告，下定决心要证明自己的理财能力。

"谁怕谁，这个赌约我接下了！"

午饭时，狐飞飞一直在心中思考着如何攒下这笔巨款。

"现在我每周的零花钱和伙食费加起来有 400 元，400 元里我需要 200 元来吃饭，剩下的 200 元我就都可以存下来，这样存钱 15 周左右，再加上我之前暑假攒下的零花钱，就足够买下这副眼镜了！"

狐飞飞很有信心，他一定不会输给郊小狼！

"狐飞飞，放学去不去吃冰淇淋？"兔小葵问道。

“不吃了，我得存钱。”

“好吧，那我自己去了。”

“狐飞飞，周末去不去参加音乐节啊，这次的音乐节都是现代歌曲，节奏上更加欢快哦！”

“不了，我这个周末没空，我得在家学习呢。”

“狐飞飞，你还在跟郊小狼打赌呢？郊小狼就喜欢和别人打一些别人不可能完成的赌，比如上次和梅小鹿打赌一天做出一件毛衣。他才不在乎自己能不能完成，他只是想看别的小动物为了完成这个不切实际的任务做无用功罢了。狐飞飞，你可千万别上当啊！”

“嗯。”狐飞飞漫不经心地应了一声，也没有回答熊猫阿默的话，便急匆匆地走了。

最近几周，狐妈妈发现狐飞飞回家都很早，周末也不出去和同学们玩了。

“飞飞啊，这几周你怎么不去和小葵他们玩啊？

我看到兔妈妈在大群里发了阿默和小葵他们一起出去玩的照片。会不会是你和小葵闹矛盾了？”

“怎么可能，我和他们的关系好着呢。只是现在我需要存钱买东西，最好不花钱，所以才不出去玩的。”

“你要存钱买什么？你如果有需要，可以和妈妈提出来。”狐妈妈说道。

“妈妈你就别管啦，我可以自己攒钱的！”

狐飞飞态度很坚决，狐妈妈也不好再说什么，只是心里觉得奇怪，禁不住担忧起来。

“这孩子，究竟是怎么了，我还是赶紧问问山羊老师吧。”

于是，狐妈妈拨打了山羊老师的电话。

第二天，刚上完上午的课，山羊老师就来到教室，喊住了正要去吃午饭的狐飞飞和郊小狼。

“狐飞飞，郊小狼，我听说你们两个在打赌？”

山羊老师严肃的表情吓坏了两个小朋友，于是，狐飞飞和郊小狼一时支支吾吾，不敢把赌约的事情说出来。

“啊？我……我们……”

山羊老师长叹了一口气。

“我都从同学们那里了解到了，听说你们打赌的内容是狐飞飞能不能在一个学期内买到那副 4000 元的西瓜眼镜？简直是胡闹！”

这下狐飞飞和郊小狼都不敢说话了，乖乖听着山羊老师的教导。

山羊老师语重心长道：“打赌是不正确的，更何况是这么贵重的东西，4000 元对现在的你们来说可是个天文数字！你们有没有想过，这 4000 元能买多少东西，又能帮助多少大山里的孩子呀！”

狐飞飞和郊小狼都想起了上学期来班里的交换生猴跳跳，想起了他用旧了也舍不得扔掉的文具袋，一时之间，羞愧万分。

“明白了山羊老师，我们知道错了，以后再也不打赌，再也不会拿钱开玩笑了。”两位小朋友都认识到了自己的错误，赶紧向山羊老师道歉。

山羊老师又说：“飞飞，你的妈妈很关心你，她发现你最近迷恋存钱，就问我你在学校是不是发生了什么事。多亏狐妈妈来问，否则我还不知道你们打下了这样儿戏的赌约。”

“我知道错了，山羊老师，我保证再也不打赌了。”

“我也知道错了，再也不会和小朋友们打赌了。”郊小狼在一旁听着，也认真保证着。

“知道错了就好，知错能改，善莫大焉。”

狐飞飞和郊小狼都点了点头。

“不过，飞飞，这段时间你只知存钱而不消费，你觉得自己过得开心吗？”

“一点也不开心，我感觉自己的生活变得很单调……”

“所以，这件事就告诫你，要形成正确的储蓄观。虽然储蓄是必要的，但是如果把所有的钱都拿来储蓄，消费的机会就会减少，生活的幸福感就会缺失。所以，飞飞，正确的储蓄观应该是合理消费，合理储蓄，既要有储蓄来防范风险、进行大额支出，又要保持合理适当的消费，不能让生活的质量下降。明白了吗，飞飞?”

狐飞飞听着山羊老师的话，感触很深。原来储蓄虽然重要，却也不应该为了防范未来的风险而失去当下的体验。

从学校出来，狐飞飞久违地去买了一支草莓冰淇淋。吃着入口即化的香香甜甜的冰淇淋，狐飞飞发自内心地感慨着：“合理消费真好啊！”

利率是不是太高了？

熊猫阿默这几天一直在思考一件事。

熊猫阿默已经满10周岁了，他觉得自己也应该像狐飞飞一样，有一张自己的银行卡。

不过在去找爸爸妈妈之前，熊猫阿默打算先找狐飞飞问一问银行卡的功能和办理的注意事项，这样等爸爸妈妈问起来时，自己才能回答得上来。

打定主意以后，熊猫阿默来到了狐飞飞的家。

“飞飞，我也要办理银行卡了，你能告诉我有什么需要注意的地方吗？”

“当然没问题！”

“首先，办理银行卡需要年满10周岁，再由爸爸妈妈带着你，还有你的身份证明文件，去银行直接申请办理银行卡就可以了，很简单的!”

“其次，是银行卡的功能，银行卡可以用来存钱和取钱，当然也可以用来储蓄和投资，只不过现在的储蓄利率很低，得到的利息比较少，3 个月的存款利率大概在 1.1%。”

“飞飞，利息是什么意思?”

“利息就是银行把你存放在银行的钱拿去投资后给予你的使用费，银行使用了你的钱，于是也要给予你一些报酬。”

熊猫阿默点了点头，默默消化着这些知识。

接下来，狐飞飞又给他讲了银行的作用、银行的分类、还有银行卡的使用方式等。

熊猫阿默记下来的同时，暗自感慨道：“飞飞懂得真多啊，怪不得山羊老师会让他来收书本费，他可真厉害，将来说不定能成为大经济学家!”

回到家，熊猫阿默在晚饭时告诉了爸爸妈妈自己的想法。

“爸爸妈妈，飞飞和小葵都有自己的银行卡了，我也想要有一张属于自己的银行卡。”

“爸爸妈妈也考虑过这件事，正好你又提出来，不如这个周末，爸爸就和妈妈一起，带你去银行办理一张银行卡吧。”

“太好啦！”熊猫阿默非常开心。

于是，周一上学的时候，熊猫阿默特意带来了自己的银行卡，想要展示给狐飞飞和兔小葵。

“飞飞，你看，我也有自己的银行卡了！”熊猫阿默兴冲冲地，把自己的银行卡给狐飞飞看。

“哇，恭喜你了，你终于也有银行卡了！”狐飞飞说道。

兔小葵也从一旁走了过来，她拍着手，为阿默感到开心。

“以后我也可以刷卡请你们吃饭了。不过，飞飞，为什么你的银行卡上写着森林银行，我的却是森林农业银行呢？”

“你还记不记得我给你讲过银行的分类？森林银行和森林农业银行虽然名字不一样，但是它们的银行卡在功能上没什么差别。这两家银行都是国有银行。”

听着狐飞飞嘴里不断蹦出来的各种词汇，兔小葵听得惊呆了，她虽然很早就有了银行卡，却不知道一张银行卡还有这么多学问呢。

狐飞飞大笑着安慰兔小葵：“没关系的，小葵，银行卡最基础的功能就是存钱和支付，你早就已经知道啦。至于银行卡的其他功能，你可以以后慢慢摸索，这样你对银行的了解也会和我一样越来越深入的！”

“没错，多去几次银行，知道的就越来越多啦！”熊猫阿默也附和着，“我正打算下了课去存钱呢！”

“好啊，那我陪你一起去吧！”兔小葵答道。

于是，下了课后，兔小葵和熊猫阿默一起来到森林农业银行。

这时候，银行的工作人员已经下班了，只有 ATM 机的屏幕还在发出亮闪闪的光。

“我们还是来得太晚了，工作人员已经下班了。”兔小葵有些沮丧。

“没关系，我可以用ATM机存钱，这样更加方便呢！”熊猫阿默说。

玻璃感应门开启，熊猫阿默和兔小葵走进放着ATM机的房间。看了看机器上的操作说明，熊猫阿默伸出手，正准备把卡插进机器。

就在这时，熊猫阿默和兔小葵耳边传来一个声音。

“嘿嘿，两位小朋友，你们是要存钱吧。”

熊猫阿默随着声音看去，原来是一位穿着大衣、戴着毛线帽子的胖胖的灰狼叔叔。

还没等熊猫阿默应声，胖灰狼叔叔就继续说道：“你们不要把钱存在银行里嘛，可以存在叔叔这里哦，叔叔这里的利率会更高，三个月就有5%的利率。而且，你们只需要把钱交给叔叔，等到要取钱的时候，你们直接找叔叔要就可以了，非常便利！”

“5%？狐飞飞不是说银行的利率最高也只有1.1%吗。1.1%和5%差距如此巨大，这里面一定有蹊跷！”

熊猫阿默暗自思考着。

兔小葵同样觉得奇怪，她想起了上学期学校门口的黄鼠狼大叔，警惕地看着胖灰狼。

胖灰狼还以为两位小朋友很好骗呢，他不知道，熊猫阿默和兔小葵在经过狐飞飞的指点以后，已经不是一般的小朋友了！

熊猫阿默严肃地拒绝了胖灰狼："对不起，胖灰狼叔叔，我还是想把钱存到我自己的银行卡里。"

胖灰狼一愣，随即干笑道："没事的，熊猫小朋友，等你想好了，随时可以来我这里存钱。我把我的名片给你吧。"

还没等胖灰狼把名片递过来，一只硕大的熊掌就把名片给拿走了。

"哼，我说灰狼销售，你现在骗不到顾客，还要对小朋友下手吗？"

熊猫阿默和兔小葵抬头一看，原来是银行的保安棕熊叔叔！

"你又坏我好事，我记住你了。"胖灰狼色厉内茬，很快就夹着尾巴逃走了。

“小朋友们，以后一定要注意，只有穿着银行工作制服，带着员工证的工作人员向你们提出购买建议的时候，才可以相信他们。这个胖灰狼就是一个不正规的销售员，他经常给不知情的用户推销他的高风险理财产品，这种投资品很有可能亏钱。小朋友，以后千万不要上当哦。”

熊猫阿默和兔小葵对视一眼，异口同声说道：

“谢谢棕熊叔叔，我们知道了！”

从银行出来以后，熊猫阿默和兔小葵告别，急忙往家里走去。今天的经历实在有趣而惊险，他忍不住要赶紧回家去和爸爸妈妈分享！

我也要投资！

一转眼，新学期已经过去一个多月了。

刚开始狐飞飞还觉得课程有些困难，内容比较复杂，比如数学课，狐飞飞第一次体会到上课不认真听讲的后果：课后作业写得抓耳挠腮，正确率却不高。

在几次数学考试成绩都不理想之后，狐飞飞上数学课时明显认真了许多，笔记也变得整齐有序、一目了然，按照章节和重点整理好，有些地方还记下了典型例题。

狐飞飞现在对学习也有了规划，总是要等到当天的学习任务完成了，狐飞飞才会去找兔小葵和熊猫阿默他们一起玩。

于是，狐飞飞的成绩相比之前，有了不少的提升，从之前的 70 分左右，上升到了 90 分。

“我一定要好好学习，考上森林大学，然后像妈妈一样进入森林银行工作，在银行工作一定特别酷！”狐飞飞在这个学期初就下定了决心。

这天放学之后，狐飞飞就在学校的自习室里学习。等到把作业都做完了，他长舒了一口气。

“呼，终于写完了，今天也是努力的一天呀！”

收拾好书包以后，狐飞飞从学校离开。在路上，他突然一拍脑袋，想起了什么。

“对了，今天可以顺便去一趟森林银行，我也正好看看我的储蓄收益是多少！”

来到银行，狐飞飞熟练地把银行卡插进 ATM 机，输入密码，然后在触摸屏上点击“账户查询”按钮。

“3009.04 元。”狐飞飞看着屏幕上的数据，“我一共存了 3000 元，一个多月过去了，只有 9 元的利息。储蓄的收益率确实太低了。”

狐飞飞叹了口气，无奈摇了摇头。

“不过，爸爸之前不是说银行还有很多其他的理财产品吗，明天就是周末，我正好可以去看看呀!”

第二天，是一个风和日丽的晴天。

狐飞飞一大早就来到银行的业务大厅，四处张望起来，终于看到了一块大大的指示牌，上面写着：“理财专区”。

“就是那里了!”

狐飞飞走进理财专区，他发现，理财专区里的墙壁上面挂着不少展板，上面写着股票、基金、期货、债券……这些名词，狐飞飞一个都看不懂。

“狐狸小朋友，请问你需要什么帮助呢?”

狐飞飞在观察展板的时候，一个动听的声音从背后响起，原来是营业员天鹅姐姐。

“是你呀天鹅姐姐！我来这里，是想看看银行除储蓄以外的其他投资方式，因为我发现储蓄的收益率实在太低了，我想了解一下其他的投资产品。”

“没问题啊，狐飞飞。”天鹅姐姐笑了笑，带着狐飞飞在大厅里参观起来。

“我先给你讲讲债券。债券就是政府、金融机构或者企业需要向社会筹借资金时，向投资者发行的，同时承诺按一定利率支付利息并按约定条件偿还本金的债权债务凭证。通俗来说就是一个向社会借钱并在一段时间后连本带息还钱的方式。虽然听起来和存款类似，但是债券的收益一般会更高。”

“再来说说股票，就是咱们平时说的炒股。股票的价格是会变化的，需要投资者在低价的时候买入，高价的时候卖出，但是想要判断一只股票的走向是较为困难的。”

“基金也是一种比较受欢迎的理财产品。它是把大家的钱收集起来，交给一个十分熟练的理财人，我们叫他基金经理，由基金经理统一进行投资。”

“还有一些理财产品就不是那么大众化了，比如期货。这些理财产品对于理财人的专业要求很高，需要前往专门的场所进行交易，限制了大部分交易者的投资。”

狐飞飞听得入了迷，原来理财还有这么多种方式啊!

“哇，谢谢你，天鹅姐姐，我学会了很多东西呢!”

“不客气。从收益角度来比较的话，一般股票的收益最高，大家也很热衷于炒股，接下来是债券等其他产品，最后才是储蓄。”

再次向天鹅姐姐表达感谢之后，狐飞飞回到了家里。

狐飞飞向爸爸妈妈讲述了今天的见闻，狐飞飞爸爸笑着说道：“现在你已经明白了主流的投资工具，不过，天鹅姐姐还有最重要的一点没有告诉你。”

“咦？是什么呢。”

“那就是购买理财产品的限制条件啊。”狐妈妈在一旁笑着补充道。

“没错。一些理财产品要求购买人的年龄必须在18周岁以上，而且因为这些金融产品都有购买数量的要求，轻易是不能踏进理财的门槛的。就比如股票，你如果想要真正地进行炒股，最低都要准备上万元的金额呢。”

“啊，居然需要这么多钱？看来我没办法进行投资了……”狐飞飞有些沮丧。

“所以狐飞飞，想要理财不只需要有经济知识，还需要有一定的经济实力呀。不过，你也不要灰心，等将来你长大了，有了工作和收入，就可以自由地进行投资了。”

“真的吗，那太好啦！”

风险和收益共存

下课后，狐飞飞正坐在位置上整理自己的笔记，这时，兔小葵拿着一个罐头走过来，拍了拍狐飞飞，说道："飞飞，我打不开这个胡萝卜罐头了，你能帮帮我吗？"

"没问题，我看看。"

狐飞飞接过兔小葵的胡萝卜罐头，仔细观察起来。

原来，这是一个类似易拉罐的罐头。在罐头的最上面有一个大大的盖子，可以通过上面的拉环来把盖子拉开。

但是狐飞飞发现，这个拉环是歪的，已经有一些损坏了。

"小葵，这个拉环已经坏了，我们需要用这个拉环来拉开这个盖子，你才能吃到里面的胡萝卜。”

“啊，那怎么办，这个拉环是之前被阿默拉坏了，他明明不知道怎么打开，却还想着用蛮力打开。”兔小葵无奈地说道，还使劲瞪了一眼熊猫阿默。

“哎呀，我还以为是我之前吃过的那种竹笋罐头呢，那个罐子特别结实。”熊猫阿默不好意思地挠了挠头。

狐飞飞将手指伸进拉环，小心翼翼地拉动着，暗自祈祷拉开罐头盖子之前，拉环不会坏掉。

可惜事与愿违，随着“啪!”一声响，拉环还是被扯断了。狐飞飞已经尽力了，他无奈地摇了摇头。

“唉，算了，我早有预料会打不开了。”兔小葵叹了口气，“我下午放学回家也把罐头带回家，用家里的工具把它打开吧。”

“那你中午吃什么呢，小葵?”熊猫阿默问道。

“哼，我气都气饱了!”兔小葵还在生熊猫阿默的气，气呼呼地回到了自己的座位。

熊猫阿默尴尬极了，呆呆地站在原地。

为了不让矛盾扩大，狐飞飞连忙叫住了兔小葵，说道："小葵，别急，我再看看这个罐头吧，刚刚其实也打开了一部分，我再想想别的办法。"

兔小葵半信半疑地将罐头递过去。

"罐头都已经这样了，还能有什么办法？"

狐飞飞打量着打开了一条缝的罐头，突然有了主意。他对兔小葵说："小葵，把你的勺子拿过来。"

"没问题！"兔小葵看到了希望，很快就把勺子拿给了狐飞飞。

于是，狐飞飞把薄薄的勺子插进这个小缝里面，接着使劲一翘，盖子在杠杆作用下，居然直接就弹开了！

"好耶，终于打开了！飞飞，你真是太聪明啦！"兔小葵和熊猫阿默齐声赞叹。

"哈哈，哪有哪有，这都是科学课上教过的知识，其实就是杠杆原理啦。"狐飞飞笑着说。

"哇，你真的进步很大呀，之前你上课的时候经常不听讲，总喜欢跑神盯着牛爷爷的麦田！"

“那都是以前了嘛，士别三日当刮目相看!”

兔小葵和熊猫阿默对于狐飞飞在这个学期的变化感到很惊喜。

就这样，兔小葵如愿吃上了美味的胡萝卜，她还特意分了一些胡萝卜给帮了大忙的狐飞飞和帮了倒忙的熊猫阿默。三个小朋友坐在一起，共同享用着好吃的胡萝卜罐头。

晚上，狐飞飞回到家里，在吃饭的时候和爸爸妈妈聊到白天发生的事。

“飞飞，你想想啊，这个盖子损坏了的罐头，你如果打开了它，就能吃到里面好吃的胡萝卜，但如果你没能打开它，岂不是什么都吃不到，甚至还会浪费买它的钱，对不对?”

“嗯，的确如此。”

“其实投资也是这样的，从今天开始你要意识到，投资就像打开一盒罐头，它是有风险的，只不过风险的大小不一样而已。”

“比如你之前在银行存钱，这就是风险最低的一种投资方式，基本不会遭受损失，因为只有银行破产才会影响到你存在里面的钱，而国有银行轻易不会破产。”

“但是，正因为储蓄的投资风险极小，所以它的收益也很低。换句话来说，投资的风险与收益是对应的，风险越高，收益越大，收益越大，风险也会越高。”

“就拿风险最大的股票来说，股票的价格波动极大，随时都有亏钱的可能。但是股票的收益也很高，在行情好的时候，一天让本金直接翻倍也是有可能的。”

“那爸爸，有没有可能既获得高收益，又能够规避风险呢?”

“我们有这方面的尝试，比如基金。普通投资者把钱交给有经验的、持证上岗的基金经理团队，让他们帮自己进行投资。这样可以规避个人投资的风险，但这实际上还是规避不了炒股本身的风险。基金经理会通过搭配产品的方式进行购买，比如同时购买股票和债券，这样在股票亏钱的时候债券这边的收益不会受损，整体的风险就降低很多了。”

狐飞飞认真学习、消化着。

“这是不是就和我用勺子开罐头是一个道理呢？用勺子虽然可以多一种打开罐头的方式，但是罐头打不开的风险仍然存在。”

“对的，飞飞真聪明。所以大部分的投资工具都有投资年龄和资本的限制，就是为了提醒投资者们，投资是有风险的，务必谨慎投资。不能只看到投资的收益，忽略了投资的风险。”

投资就是钱生钱

这个周末，熊猫阿默和狐飞飞又一起去了草地音乐节。

因为这次熊猫阿默不需要登台演出，所以熊猫爸爸和熊猫妈妈也就没有来，只有两个小朋友来参加。

既然是来玩的，狐飞飞和熊猫阿默自然是为了这次音乐节准备了不少零花钱。特别是狐飞飞，上次买回去的唱片听起来还不错，狐飞飞打算再买一些这样的唱片回去听。

“狐飞飞，这几张唱片我看还不错，你要不要买下来?”

“音乐家都叫我买，我能不买吗。”狐飞飞笑着调侃了一下，在熊猫阿默的建议下又买下了三张唱片。

两个小朋友继续逛着，不知不觉走到了一家与众不同的摊位前。这里和音乐节其他的小摊位都不一样，它们大多是由一两张桌子和几把椅子，外加一个遮阳的小棚子组成的，而这个摊位，不仅有着大大的玻璃落地窗，和与商店一模一样的外形，而且从落地窗看进去，里面的装饰也和玻璃橱窗里的商品没什么两样。

“阿默，这家店铺是卖什么的啊?”狐飞飞很诧异。

“这是一家琴行，它叫森林琴行。”

“琴行?”狐飞飞第一次听说这个名词，“琴行是卖什么的呢?”

“琴行就是卖琴的地方啦，这家琴行主要卖的是钢琴，我的钢琴就是在这家琴行里买的!”熊猫阿默笑了笑，“走吧狐飞飞，我们也进去看看这个琴行。”

走进森林琴行，扑面而来的空调冷气让两位小朋友暂时忘记了自己还身处喧嚣的音乐节里，琴行里面播放着古典钢琴曲，空气中也散发着一种淡淡的香味。

“你快看，狐飞飞，我上次在音乐节弹奏的钢琴，就是这一款。”

随着熊猫阿默的手指方向，狐飞飞看到了一架漆着黑色油漆，有着金色脚踏和各种金色装饰的大钢琴。

“森林琴行的琴大多质量非常好，品质也很不错，这些琴的原料是生长在苹果城后山的参天大树。因为这些树很稀有，并且为了保护环境，每年琴行只能砍掉其中的 2 棵树，所以琴行的原材料一直比较紧张。”

“哦？”狐飞飞立刻意识到其中的经济知识，“既然原材料很稀有，那就意味着这架琴的产量也很低，价格应该也很高吧？”

熊猫阿默笑了笑，用手指着这架黑色大钢琴旁边的价格牌，上面标着一连串数字，以至于狐飞飞得用手指指着才能数清楚：138600 元。

“我的天啊，13 万元，这架钢琴居然这么贵！”

“这种型号和大小的钢琴就是这么贵，所以一般音乐机构或者学校才会购买这种钢琴，我们这些初学者可以买那种 2 万～3 万元的钢琴。喏，就是那一款，我现在在家里用的就是这款。”

“天啊，钢琴真是太贵了，比我的游戏机贵多了。”狐飞飞在心里默默想着。

又参观了一会儿，狐飞飞就和熊猫阿默道了别，各自回家了。

回家以后，狐飞飞找到爸爸妈妈，谈论着今天的音乐节。

“爸爸妈妈，今天我去琴行看到了一架 13 万元的琴，好贵啊！所以我在想，像这种需要很多钱才能买到的东西，我要是只靠存零花钱的方式，是很难攒够这笔钱的，假如我们又需要买这种东西，那该怎么办呢？”

狐爸爸回答道：“问得好，飞飞。你现在的零花钱就像我们大人的工资一样，基本是确定的数额，所以有一些东西单靠工资，确实是买不起的。不过，一般来说，大家都会通过投资的方式，做到钱生钱，这样你的收入就增加了，能买的东西就变多了。”

狐妈妈也补充道：“狐爸爸的意思是说，工资是固定的，但是可以通过投资来让自己所拥有的钱变多，这也是投资最大的作用。”

狐爸爸继续说道：“不过，这是从我们投资者的角度看投资的作用。飞飞，你再设想一下，假如你是一家上市公司的董事长，或者国家有关部门的负责人，你发行这些投资品的目的是什么呢？”

“是为了筹集钱！”

“不错。公司通过发行股票或者债券获得钱，来扩充它的资产，这样就有更多的钱可以投入到再生产中，扩大生产规模，招更多的工人。同样的，国家收集了更多的钱之后，就可以建设公共工程，比如地铁，这些工程可以方便我们的生活。投资对于筹资方的作用要更加重要。”

“所以说，投资事实上是一种双方都能够获益的行为，这样大家才会有动力去投资。”狐飞飞说。

“对了，飞飞，你现在就可以培养投资的习惯和嗅觉，学习投资的方法，这样你将来在工作之后就可以靠着投资来获得更多的收入啦。”

诚信很重要！

今天的森林中心小学特别热闹。因为，一年一度的春游活动就要开始了，每到这个时候，森林中心小学的所有学生都会以班级为单位，去公园或者郊外进行游玩和野炊。

“好啦，同学们赶紧上车啦！上车之后就坐好哦，不要乱动。”山羊老师招呼着同学们坐上大巴车，在清点好人数后，大巴车就缓缓关上了车门，准备出发，向着本次春游的目的地——苹果城森林公园前进。

狐飞飞正在观赏着窗外的风景，突然一个轻轻的声音响起。

“狐飞飞，请问，你带多余的零花钱了吗？”

狐飞飞转头一看，原来是坐在自己身后的鹿玲玲。

鹿玲玲不好意思地说道："我今天出门的时候太急了，忘带钱了，想和你借一点，等到明天上学再还给你，好吗？"

狐飞飞陷入了犹豫。

如果是兔小葵或者熊猫阿默向狐飞飞借钱，狐飞飞肯定会毫不犹豫地答应下来，但是眼下，狐飞飞和鹿玲玲并不熟悉，平时甚至都没说过几句话。

"要是我把钱借给她，她不还我怎么办？"狐飞飞心里想着。

但是看到鹿玲玲一脸忐忑的表情，狐飞飞最终还是心软了，拿出了钱包。

"好吧，玲玲，你要借多少钱呢？"

"借我 5 元就够了，真是太谢谢你了，飞飞！"

看着一下少了三分之一金额的钱包，狐飞飞有些心疼。

"唉，幸好她只借了 5 元，要是再多一些我自己就不够用了。"狐飞飞默默想着。

大巴车终于开到了森林公园。小朋友们在山羊老师的带领下，开始准备野炊了。

一些小朋友负责用石头搭建一个灶台，另一些小朋友则去捡拾一些柴火，还有一些小朋友负责把带来的蔬菜和水果分类放好。

等一切准备就绪，兔小葵和山羊老师就要开始炒菜了。

在出发的前几天，山羊老师就在班里寻找着会做饭的小朋友，帮他在野炊的时候一起给小朋友们做饭，兔小葵兴冲冲地报了名。

忙活了半天，饭菜终于做好了。

“哇，山羊老师，兔小葵，你们的厨艺可真好!”小朋友们纷纷夸赞起两位大厨的手艺。

“狐飞飞，你怎么兴致不高，也不说说话，在想什么呢?”熊猫阿默一边吃东西，一边用肩膀撞了撞魂不守舍的狐飞飞。

狐飞飞自从领到自己的一份饭之后，就坐在一边，静静地吃着，看起来比熊猫阿默还要沉默寡言。

“啊？没有没有，山羊老师和小葵的手艺真好，我专心吃饭嘛。”狐飞飞努力笑起来。

其实，狐飞飞从刚才起就一直在担心鹿玲玲到底会不会还钱，完全没顾得上享受这次野炊。

等到野炊结束，小朋友们各自回到家里，狐飞飞还是在担心这件事。

第二天早上，狐飞飞顶着两个大大的黑眼圈，早早就来到了学校。没多久，鹿玲玲也到了教室。

狐飞飞虽然很忐忑，但他还是努力保持着一个绅士的风度。

“既然鹿玲玲已经到了，我就在这里等她还钱就好了，不必去催她。”狐飞飞心想。

可没想到，一个上午过去了，鹿玲玲一直没有来找狐飞飞，更别提还钱的事情了，而且据狐飞飞的观察，鹿玲玲的行为和平时一样，一点都没有变化。

“这是怎么回事呢，鹿玲玲不会是忘了吧？如果她只是忘记了，我去提醒她还钱，又感觉不太礼貌。但如果不提醒她，要是她真的忘记还钱了该怎么办。”

就这样，狐飞飞一直纠结到下午，连最喜欢的科学课都没能认真听讲。

终于，狐飞飞等不下去了，他鼓起勇气，打算找鹿玲玲问个清楚。

没想到他刚站起身来，就看到鹿玲玲向自己走了过来。

“抱歉，狐飞飞，我太粗心了，一直忘记还你钱，给，这是5元钱，谢谢你昨天的帮助！”

鹿玲玲把5元纸币塞进狐飞飞手里。

狐飞飞接过了钱，感觉心里的大石头落了地，总算舒服了不少，于是，他笑着说：

“没事，不必在意！”

周末，狐飞飞一家准备回一趟乡下，一家人来到火车站准备买票。

在排队时，狐飞飞听到柜台里的售票员姐姐说道：“对不起先生，我们的系统显示您是失信执行人，我们不能向您售卖火车票。”

“啊，好吧好吧，麻烦你了。”狐飞飞前面的豪猪叔叔说完这句话，就快步离开了。

等上了火车，狐飞飞问道：

“什么是失信执行人啊，为什么豪猪叔叔不能坐火车呢？”

“失信执行人就代表这个人失去了信用。有的动物欠了钱，一直不还，等数额积攒到一定程度或者超过规定的时限之后，政府会将这个动物的信息录入系统，让他无法购买飞机票或者火车票，也不能用信用卡购买东西，以此来提醒他还钱。”

“所以飞飞，我们一定要养成诚信的习惯，你借了别人的钱，就要马上还，不然对你自己的名声不好，别人也会因为你不还钱而感到难受。”

结合自己前几天的感受，狐飞飞点了点头：“我明白，爸爸妈妈放心好了，我一定会做一个诚信的好孩子！”